WHAT IS LOGIC
逻辑学是什么

陈波 著

图书在版编目(CIP)数据

逻辑学是什么/陈波著. —北京：北京大学出版社，2015.9
（人文社会科学是什么）
ISBN 978-7-301-25895-8

Ⅰ.①逻… Ⅱ.①陈… Ⅲ.①逻辑—通俗读物 Ⅳ.①B81-49

中国版本图书馆 CIP 数据核字（2015）第 121295 号

书　　　名	逻辑学是什么
著作责任者	陈　波　著
策 划 编 辑	杨书澜
责 任 编 辑	闵艳芸
标 准 书 号	ISBN 978-7-301-25895-8
出 版 发 行	北京大学出版社
地　　　址	北京市海淀区成府路 205 号　100871
网　　　址	http：//www.pup.cn
电 子 信 箱	minyanyun@163.com
新 浪 微 博	@北京大学出版社
电　　　话	邮购部 62752015　发行部 62750672　编辑部 62750673
印 刷 者	北京中科印刷有限公司
经 销 者	新华书店
	890 毫米×1240 毫米　A5　10.5 印张　209 千字
	2015 年 9 月第 1 版　2025 年 6 月第 9 次印刷
定　　　价	48.00 元

未经许可，不得以任何方式复制或抄袭本书之部分或全部内容。
版权所有，侵权必究
举报电话：010-62752024　电子信箱：fd@pup.pku.edu.cn
图书如有印装质量问题，请与出版部联系，电话：010-62756370

阅 读 说 明

亲爱的读者朋友:

非常感谢您能够阅读我们为您精心策划的"人文社会科学是什么"丛书。这套丛书是为大、中学生及所有人文社会科学爱好者编写的入门读物。

这套丛书对您的意义:

1. 如果您是中学生,通过阅读这套丛书,可以扩大您的知识面,这有助于提高您的写作能力,无论写人、写事,还是写景都可以从多角度、多方面展开,从而加深文章的思想性,避免空洞无物或内容浅薄的华丽辞藻的堆砌(尤其近年来高考中话题作文的出现对考生的分析问题能力及知识面的要求更高);另一方面,与自然科学知识可提供给人们生存本领相比,人文社会科学知识显得更为重要,它帮助您确立正确的人生观、价值观,教给您做人的道理。

2. 如果您是中学生,通过阅读这套丛书,可以使您对人文社会科学有大致的了解,在高考填报志愿时,可凭借自己的兴趣去选择。因为兴趣是最好的老师,有兴趣才能保证您在这个领域取得成功。

3. 如果您是大学生,通过阅读这套丛书,可以帮助您更好地进入自己的专业领域。因为毫无疑问这是一套深入浅出的教学参考书。

4. 如果您是大学生,通过阅读这套丛书,可以加深自己对人生、对社会的认识,对一些经济、社会、政治、宗教等现象做出合理的解释;可以提升自己的人格,开阔自己的视野,培养自己的人文素质。上了大学未必就能保证就业,就业未必就是成功。完善的人格,较高的人文素质是保证您就业以至成功的必要条件。

5. 如果您是人文社会科学爱好者,通过阅读这套丛书,可以让您轻松步入人文社会科学的殿堂,领略人文社会科学的无限风光。当有人问您什么书可以使阅读成为享受?我们相信,您会回答:"人文社会科学是什么"丛书。

您如何阅读这套丛书:

1. 翻开书您会看到每章有些语词是黑体字,那是您必须弄清楚的重要概念。对这些关键词或概念的把握是您完整领会一章内容的必要的前提。书中的黑体字所表示的概念一般都有定义。理解了这些定义的内涵和外延,您就理解了这个概念。

2. 书后还附有作者推荐的书目。如您想继续深入学习,可阅读书目中所列的图书。

我们相信,这套书会助您成为人格健康、心态开放、温文尔雅、博学多识的人。

序 一
让人文情怀和科学精神滋润心田

北京大学校长

林建华

　　一直以来，社会都比较关注知识的实用性，"知识就是力量""科学技术是第一生产力"，对于一个物质匮乏、知识贫乏的时代来说，这无疑是非常必要的。过去的几十年，中国经济和社会都发生了深刻变化，常常给人恍如隔世的感觉。互联网＋、跨界、融合、大数据，层出不穷、正以难以想象的速度颠覆传统……。中国正与世界一起，经历着更猛烈的变化过程，我们的社会已经进入到以创新驱动发展的阶段。

　　中国是唯一一个由古文明发展至今的大国，是人类发展史上的奇迹。在近代史中，我们的国家曾经历了百年的苦难和屈辱，中国人民从未放弃探索伟大民族复兴之路。北京大学作为中国最古老的学府，一百多年来，一直上下求索科学技术、人文学科和社会科学的发展道路。我们深知,进步决不是忽视既有文明的积累,更不可能用一种文明替代另一种文明,发展必须充分吸收人类积累的知识、承载人类多样化的文明。我们不仅应当学习和借鉴西方的科学和人文情怀,还要传承和弘扬中国辉煌的文明和智慧,这些正是中国大学的历史使命,更是每个龙的传人永远的精神基因。

通俗读物不同于专著,既要通俗易懂,还要概念清晰、更要喜闻乐见,让非专业人士能够读、愿意读。移动互联时代,人们的阅读习惯正在改变,越来越多的人喜欢碎片化地去寻找和猎取知识。我们真诚地希望,这套"人文社会科学是什么"丛书能帮助读者重拾系统阅读的乐趣,让理解人文学科和社会科学基本内容的欣喜丰盈滋润心田;我们更期待,这套书能成为一颗让人胸怀博大的文明种子,在读者的心田生根、发芽、开花、结果。无论他们从事什么职业,都能满怀人文情怀和科学精神,都能展现出中华文明和人类智慧。

历史早已证明,最伟大的创造从来都是科学与艺术的完美结合。我们只有把科学技术、人文修养、家国责任连在一起,才能真正懂人之为人、真正懂得中国、真正懂得世界,才能真正守正创新、引领未来。

2015 年 8 月

序　二

重视人文学科　高扬人文价值

北京大学校长

人类已经进入了 21 世纪。

在新的世纪里,我们中华民族的现代化事业既面临着极大的机遇,也同样面临着极大的挑战。如何抓住机遇,迎接挑战,把中国的事情办好,是我们当前的首要任务。要顺利完成这一任务的关键就是如何设法使我们每一个人都获得全面的发展。这就是说,我们不但要学习先进的自然科学知识,而且也得学习、掌握人文科学知识。

江泽民主席说,创新是一个民族的灵魂。而创新人才的培养需要良好的人文氛围,正如有些学者提出的那样,因为人文和艺术的教育能够培养人的感悟能力和形象思维,这对创新人才的培养至关重要。从这个意义上说,人文科学的知识对于我们来说要显得更为重要。我们迄今所能掌握的知识都是人的知识。正因为有了人,所以才使知识的形成有了可能。那些看似与人或人文学科毫无关系的学科,其实都与人休戚相关。比如我们一谈到数学,往往首先想到的是点、线、面及其相互间的数量关系和表达这些关系的公理、定理等。这样的看法不能说是错误的,但却是不准确的。因为它恰恰忘记了数学知识是人类的知识,没有人类的富于创造性的理性活动,我们是不可能形成包括数学知识在内的知识系统的,所以爱因斯坦才说:"比如整数系,显然是人类头脑的一种发明,一种自己创造自己的工具,它使某些感觉经验的整理简单化了。"数学如此,逻辑学知识也这样。谈到逻辑,我们首先想到的是那些枯燥乏味的推导原理或公式。其实逻辑知识的唯一目的在于说明人类的推理能力的原理和作用,以及人类所具有的观念的性质。总之,一切知识都是人的产物,离开了人,知识的形成和发展都将得不到说明。

因此我们要真正地掌握、了解并且能够准确地运用科学知识,就必须首先要知道人或关于人的科学。人文科学就是关于人的科学,她告诉我们,人是什么,人具有什么样的本质。

现在越来越得到重视的管理科学在本质上也是"以人为本"的学科。被管理者是由人组成的群体,管理者也是由人组成的群体。管理者如果不具备人文科学的知识,就绝对不可能成为优秀的管理者。

但恰恰如此重要的人文科学的教育在过去没有得到重视。我们单方面地强调技术教育或职业教育,而在很大的程度上忽视了人文素质的教育。这样的教育使学生能够掌握某一门学科的知识,充其量能够脚踏实地完成某一项工作,但他们却不可能知道人究竟为何物,社会具有什么样的性质。他们既缺乏高远的理想,也没有宽阔的胸怀,既无智者的机智,也乏仁人的儒雅。当然人生的意义或价值也必然在他们的视域之外。这样的人就是我们常说的"问题青年"。

当然我们不是说科学技术教育或职业教育不重要。而是说,在学习和掌握具有实用性的自然科学知识的时候,我们更不应忘记对于人类来说重要得多的学科，即使我们掌握生活的智慧和艺术的科学。自然科学强调的是"是什么"的客观陈述，而人文学科则注重"应当是什么"的价值内涵。这些学科包括哲学、历史学、文学、美学、伦理学、逻辑学、宗教学、人类学、社会学、政治学、心理学、教育学、法律学、经济学等。只有这样的学科才能使我们真正地懂得什么是真正的自由、什么是生活的智慧。也只有这样的学科才能引导我们思考人生的目的、意义、价值，从而设立一种理想的人格、目标，并愿意为之奋斗终身。人文学科的教育目标是发展人性、完善人格，提供正确的价值观或意义理论，为社会确立正确的人文价值观的导向。

国外很多著名的理工科大学早已重视对学生进行人文科学的教育。他们的理念是，不学习人文学科就不懂得什么是真正意义的人，就不会成为一个有价值、有理想的人。国内不少大学也正在开始这么做，比如北京大学的理科的学生就必须选修一定量的文科课程，并在校内开展多种讲座，使文科的学生增加现代科学技术的知识，也使理科的学生有较好的人文底蕴。

我们中国历来就是人文大国，有着悠久的人文教育传统。古人云："文明以止，人文也。观乎天文，以察时变，观乎人文，以化成天下。"这一传统绵延了几千年，从未中断。现在我们更应该重视人文学科的教育，高扬人文价值。北京大学出版社为了普及、推广人文科学知识，提升人文价值，塑造文明、开放、民主、科学、进步的民族精神，推出了"人文社会科学是什么"丛书，为大中学生提供了一套高质量的人文素质教育教材，是一件大好事。

2001 年 8 月

人文素质在哪里？

——推介"人文社会科学是什么"丛书

乐黛云

人文素质是一种内在的东西，正如孟子所说："仁义礼智根於心，其生色也睟然，见於面，盎於背，施於四体，四体不言而喻。"(《尽心上》) 人文素质是人对生活的看法，人内心的道德修养，以及由此而生的为人处世之道。它表现在人们的言谈举止之间，它于不知不觉之时流露于你的眼神、表情和姿态，甚至从背后看去也能充沛显现。

要培养和提高自己的人文素质，首先要知道在历史的长河中人类创造了哪些不可磨灭的最美好的东西；其次要以他人为参照，了解人们在这浩瀚的知识、艺术海洋中是如何吸取营养，丰富自己的；第三是要勤于思考，敏于选择，身体力行，将自己认为真正有价值的因素融入自己的生活。要做到这三点并不是一件容易的事，往往会茫无头绪，不知从何做起。这时，人们多么希望能看到一条可以沿着向前走的小径，一颗在前面闪烁引路的星星，或者是过去的跋涉者留下的若隐若现的脚印！

是的，在你面前的，就是这条小径，这颗星星，这些脚印！这就是:《哲学是什么》《美学是什么》《文学是什么》《历史学是什么》《心理学是什么》《逻辑学是什么》《人类学是什么》《伦理学是什么》《宗教学是什么》《社会学是什么》《教育学是什么》《法学是什么》《政治学是什么》《经济学是什么》,等等,每册15万字左右的"人文社会科学是什么"丛书。这套丛书向你展示了古今中外人类文明所创造的最有价值的精粹,它有条不紊地为你分析了各门学科的来龙去脉、研究方法、近况和远景;它记载了前人走过的弯路和陷阱,让你能更快地到达目的地;它像亲人,像朋友,亲切地、平和地与你娓娓而谈,让你于不知不觉中,提高了自己的人生境界!

要达到以上目的,丛书的作者不仅要有渊博的学问,还要有丰富的治学经验和远见卓识,更重要的是要有一种走出精英治学的小圈子,为年青的后来者贡献时间和精力的胸怀。当年,在邀请作者时,策划者实在是十分困难而又费尽心思!经过几番艰苦努力,丛书的作者终于确定下来,他们都是年富力强,至少有20年学术积累,一直活跃在教学科研第一线的,有主见、有创意、有成就的学术骨干。

《历史学是什么》的作者葛剑雄教授则是学识渊博、声名卓著、足迹遍及亚非欧美的复旦大学历史学家。其他作者的情形大概也都类此,他们繁忙的日程不言自明,然而,他们都抽出时间,为这套旨在提高年轻人人文素质的丛书进行了精心的写作。

《哲学是什么》的作者胡军教授,早在上世纪90年代初期就已获北京大学哲学博士学位,在中、西哲学方面都深有造诣。目前,他不仅要带博士研究生、要上课,而且还是统管北京大学哲学系全系科研与教学的系副主任。

《美学是什么》的作者周宪教授,属于改革开放后北京大学最早的一批美学硕士,后又在南京大学读了博士学位,现任南京大学中文系系主任。

从已成的书来看,作者对于书的写法都是力求创新,精心构思,各有特色的。例如胡军教授的书,特别致力于将哲学从狭小的精英圈子里解放出来,让人们懂得:哲学就是指导人们生活的艺术和智慧,是对于人生道路的系统的反思,是美好的、有意义的生活的向导,是我们正不断地行进于其上的生活道路,是爱智慧以及对智慧的不懈追求,是力求提升人生境界的境界之学。全书围绕"哲学为何物"这一问题,层层展开,对"哲学的问题""哲学的方法""哲学的价值"等难以通俗论述的问题做了清晰的分梳。

葛剑雄教授的书则更多地立足于对现实问题的批判和探讨,他一开始就区分了"历史研究"和"历史运用"两个层面,提出对"历史研究"来说,必须摆脱政治神话的干扰,抵抗意识形态的侵蚀,进行学科的科学化建设。同时,对"影射史学""古为今用""以史为鉴""春秋笔法",以及清宫戏泛滥、家谱研究盛行等问题做了深入的辨析,这些辨析都是发前人所未发,不仅传播了知识而且对史学理论也有独到的发展和厘清。

周宪教授的《美学是什么》更是呈现出极为新颖独到的构思。该书在每一部分正文之前都选录了几则古今中外美学家的有关警言,正文中标以形象鲜明生动的小标题,并穿插多处小资料和图表,"关键词"和"进一步阅读书目"则会将读者带入更深邃的美学空间。该书以"散点结构"的方式尽量平易近人地展开作者与读者之间的平等对话;中、西古典美学与现代美学之间的平等对话;作者与中、西古典美学和现代美学之间的平等对话,因而展开了一道又一道多元而开阔的美学风景。

这里不能对丛书的每一本都进行介绍和分析,但可以确信地说,读完这套丛书,你一定会清晰地感觉到你的人文素质被提高到了一个新的境界,这正是你曾苦苦求索的境界,恰如王国维所说:"众里寻他千百度,回头蓦见,那人正在灯火阑珊处。"于是,你会感到一种内在的人文素质的升华,感到孟子所说的那种"见於面,盎於背,施於四体"的现象,你的事业和生活也将随之进入一个崭新的前所未有的新阶段。

引　言

读者朋友,你有兴趣作一次逻辑之旅吗？在短短的时间里,去跨越历史的时空,品味那些伟大的逻辑学家们的苦闷、挣扎、思考和创造,浏览逻辑学的来龙去脉、大致框架和基本内容。这些内容已经成为西方许多能力性考试,如 TOFEL、GRE、GMAT、LSAT 的测试对象,并且也是国内相应考试如 MBA、MPA 的测试对象。如果你有兴趣,那就让我们从考察"逻辑"这个词开始吧。

从词源上说,"逻辑"最早可以追溯到一个希腊词,即"逻各斯"(logos,其复数形式是 logoi)。"逻各斯"是多义的,其主要含义有:(1)一般的规律、原理和规则(在这一点上,"逻各斯"类似于中国老庄哲学的"道");(2)命题、说明、解释、论题、论证等;(3)理性、理性能力、与经验相对的抽象理论、与直觉相对的有条理的推理;(4)尺度、关系、比例、比率等;(5)价值。不管怎样,"逻各斯"的基本词义是言辞、理性、秩序、规律,其中最基本的含义又是"秩序"和"规律",其他含义都是由此派生出来的。例如,"有秩序的""合乎规律的"就是合乎"理性"的;"推理"就是按照"规律"进行有"秩序"的、有条理的思维。尽管亚里士多德在"议论"或"论证"的意义上使用过"逻各斯"一词,但他更多地用"分析"或"分析学"去表示他关于推理的理论。据史料记载,斯多葛派使用过"逻辑"一词,认为它包括论辩术和修辞学两部分。逍遥学派和古罗马的西塞罗则比较正式地使用了"逻辑"一词,但古罗马更多地用"论辩术"(dialectica)表示包括逻辑和修辞学的科学。欧洲中世纪的逻辑学家有时用"logica"、有时用"dialectica"表示逻辑。直到近代,西方才通用"logic""logik""logique"等表示逻辑这门科学。

西方逻辑早在明代就开始传入中国,李之藻(1565—1630)与人合作翻译了葡萄牙人所写的一部逻辑学讲义,译为《名理探》。清朝末年,逻辑方面的翻译著作有《辩学启蒙》(1896 年)、《穆勒名学》(严复译,1905 年)等。一开始,中国译者们按先秦传统来理解"logic",先后将其译为"名学""辩学""名辩学""理则学""论理学"等等。严复是将"logic"译为"逻辑"的第一人,但他并未加以提倡、推广,而是选用了"名学"作为他的译著的书名。到 20 世纪 30—40 年代,"逻辑"译名才逐渐流行开来,并获得通用。不过,在汉语中,"逻辑"一词同样也是多义的,其主要含义有:(1) 客观事物的规律,例如"历史的逻辑决定了人类社会将一直向前发展"。(2) 某种理论、观点,例如"只许官家放火,不许百姓点灯,这是哪一家的逻辑!"(3) 思维的规律、规则,例如说"某篇文章逻辑性强""某个说法不合逻辑"。(4) 逻辑学或逻辑知识,例如"大学生应该上逻辑课""在一般人的印象中,逻辑很难学"。

我们的逻辑之旅将要考察的就是作为一门科学的"逻辑"。

可以说,逻辑作为一门科学,是既古老又年轻的。说它古老,是说它历史悠久,源远流长。从起源上看,它有三大源泉:古希腊的形式逻辑、中国先秦时期的名辩学,以及印度佛教中的因明(插入一句,由于我本人对印度佛教中的因明不熟悉,无法充当这方面的导游,故在今后的旅程中将只谈到希腊传统和中国传统下的逻辑)。说它年轻,是说它朝气蓬勃,充满活力,已经或者正在发展成为一个庞大的逻辑学科体系,并在整个现代科学中发挥着基础学科的作用。

现在,让我们做一道逻辑方面的选择题吧:

有甲、乙、丙、丁、戊五个人,每个人头上戴一顶白帽子或者黑帽子,每个人显然只能看见别人头上帽子的颜色,看不见自己头上帽子的颜色。并且,一个人戴白帽子当且仅当他说真话,戴黑帽子当且仅当他说假话。已知:

甲说:我看见三顶白帽子一顶黑帽子;

乙说:我看见四顶黑帽子;

丙说:我看见一顶白帽子三顶黑帽子;

戊说:我看见四顶白帽子。

根据上述题干,下列陈述都是假的,除了

A. 甲和丙都戴白帽子;

B. 乙和丙都戴黑帽子;

C. 戊戴白帽子,但丁戴黑帽子;

D. 丙戴黑帽子,但甲戴白帽子;

E. 丙和丁都戴白帽子。

至于这道题的详细解法,当你到达这一次逻辑旅行的终点时,你自然就会明白了。

目 录
CONTENTS

阅读说明 / 001

序一　林建华 / 001
让人文情怀和科学精神滋润心田

序二　许智宏 / 001
重视人文学科　高扬人文价值

人文素质在哪里？
——推介"人文社会科学是什么"丛书　乐黛云 / 001

引言 / 001

Ⅰ-Ⅰ 所有的克里特岛人都说谎吗？
——逻辑起源于理智的自我反省

1　说谎者悖论及其他 / 004
2　合同异、离坚白、白马非马 / 015
3　逻辑基本规律 / 025

二　信仰是否需要得到理性的辩护和支持？
——逻辑是关于推理和论证的科学

1. 什么是推理和论证？／050
2. 命题分析和逻辑类型／054
3. 由前提"安全地"过渡到结论／068
4. 日常思维中的推理和论证／075

三　上帝能够创造一块他自己举不起来的石头吗？
——命题逻辑

1. 红了樱桃，绿了芭蕉：联言命题／087
2. 或为玉碎，或为瓦全：选言命题／089
3. 锲而不舍，金石可镂：假言命题／094
4. 并非价廉物美：负命题／100
5. 常用的几种复合命题推理／102
6. 真值联结词　真值形式　重言式／109
7. 模态命题及其推理／117
8. 命题逻辑知识的综合应用／120

四　你说谎，卖国贼是说谎的，所以你是卖国贼？
　　——词项逻辑

1. 所有的金子都是闪光的：直言命题 / 129
2. 从单个前提出发：直接推理 / 140
3. 从两个前提出发：三段论 / 147

五　织女爱每一个爱牛郎的人？
　　——谓词逻辑

1. 对于新的命题分析方法的需要 / 169
2. 个体词、谓词、量词和公式 / 173
3. 自然语言中量化命题的符号化 / 177
4. 模型和赋值　普遍有效式 / 185
5. 二元关系的逻辑性质和排序问题 / 189

六　爱做归纳的火鸡被送上餐桌，怪谁？
　　——归纳逻辑

1. 从枚举事例中抽取结论 / 196
2. 探求事物间的因果联系 / 198
3. 能近取譬，举一反三 / 214
4. 从假说演绎出观察结论 / 219

5 事件、样本和推测 / 223
   6 归纳方法是合理的吗? / 233

七 如何使你的概念更清晰,思维更敏锐,论证更严密?
——批判性思维

   1 定义理论 / 244
   2 论证理论 / 257
   3 谬误理论 / 271

八 共同为现代科学大厦奠基
——逻辑学的地位

   1 从逻辑推导出全部数学? / 281
   2 让哲学走向严格和精确 / 292
   3 语言学中的逻辑 / 297
   4 计算机、人工智能与逻辑 / 300

结语 / 305
新版后记 / 307
阅读书目 / 309
编辑说明 / 311

一

所有的克里特岛人都说谎吗？
——逻辑起源于理智的自我反省

> 夫辩者，将以明是非之分，审治乱之纪，明同异之处，察名实之理，处利害，决嫌疑。焉摹略万物之然，论求群言之比。以名举实，以辞抒意，以说出故。以类取，以类予。有诸己不非诸人，无诸己不求诸人。
>
> ——《墨经》

墨子,姓墨名翟(约前480—前420),中国战国初期思想家,墨家学派的创始人。现存《墨子》一书,其思想导源于墨子,经众多墨家后学陆续编撰而成。其中《经上》《经下》《经说上》《经说下》《大取》《小取》六篇,合称《墨经》,是后期墨家的创作,为中国先秦时期逻辑学说的最重要经典。

在古希腊和中国先秦时期,几乎有一个共同的现象:诸子蜂起,百家争鸣,论辩之风盛行,并且出现了一批职业性的文化人,当时叫做"智者"(如普罗泰戈拉)、"讼师"(如邓析)、"辩者"、"察士"(如惠施、公孙龙)等。这些人聚众争讼,帮人打官司;或设坛讲学,传授辩论技巧,以此谋生。他们"非"常人之"所是","是"常人之"所非","操两可之说,设无穷之辞",提出了许多巧辩、诡辩和悖论性命题,并发展了一些论辩技巧。他们在历史上的形象常常是负面的。但我更愿意从正面去理解他们工作的意义:他们实际上是一些智慧之士,最先意识到在人们的日常语言或思维中存在某些机巧、环节、过程,如果不适当地对付和处理它们,语言和思维本身就会陷入混乱和困境。他们所提出的那些巧辩、诡辩和悖论,实际上是对语言和思维本身的好奇和把玩,是对其中某些过程、环节、机巧的诧异和思辨,是智慧对智慧本身开的玩笑,是智慧对智慧本身所进行的挑战。实际上,它们表现着或者说引发了人类理智的自我反省,并且正是从这种自我反省中,才产生了人类智慧的结晶之一——逻辑学。

1　说谎者悖论及其他

在古希腊文明早期,有一些与逻辑学产生相关的特异的人和事,值得一说。

说谎者悖论

公元前6世纪,古希腊克里特岛人埃匹门尼德(Epimenides)说了一句著名的话:

所有的克里特岛人都说谎。

他究竟是说了一句真话还是假话?如果他说的是真话,由于他也是克里特岛人之一,他也说谎,因此他说的是假话;如果他说的是假话,则有的克里特岛人不说谎,他也可能是这些不说谎的克里特岛人之一,因此他说的可能是真话。这被叫做"说谎者悖论"。

公元前4世纪,麦加拉派的欧布里德斯(Eubulides)把该悖论改述为:

　　一个人说:我正在说的这句话是假话。

这句话究竟是真的还是假的?如果这句话是真的,则它说的是

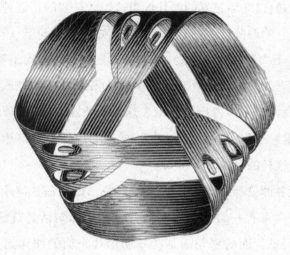

《蛇》

在荷兰画家埃舍尔(M. C. Escher, 1898—1972)所绘的这幅图中,三条蛇首尾相接,试图吞噬对方。但是它们势均力敌,互相牵制互相威胁。最终,谁也无法吞噬其他两者,只好僵持着等待机会。把一条带子扭转三次,首尾相连,形成一个莫比乌斯带。再沿带子中间分开,就可以做出图中所表示的蛇。

在对抗性的竞争中,三方博弈比双方博弈有趣的一点是"均衡性"。双方博弈容易失衡,造成非此即彼的状态;三方博弈则复杂得多:试考虑"剪刀包袱锤"的游戏,谁比谁更强?双方博弈不大可能没有赢家,而三方博弈更可能没有大赢家。

真实的情形,而它说它本身是假的,因此它是假的;如果这句话是假的,则它说的不是真实的情形,而它说它本身是假的,因此它说的是真话。于是,这句话是真的当且仅当这句话是假的。这种由它的真可以推出它的假并且由它的假可以推出它的真的句子,一般被叫做"**悖论**"。不太严谨的说法是:如果从明显合理的前提出发,通过看起来正确有效的逻辑推导,得出了两个自相矛盾的命题或这样两个命题的等价式,则称得出了悖论。这里的要点在于:推理的前提明显合理,推理过程看起来合乎逻辑,推理的结果却是自相矛盾的命题或者是这样的命题的等价式。

说谎者悖论有许多变形,其中一种变形是明信片悖论。一张明信片的一面写有一句话:"本明信片背面的那句话是真的"。翻过明信片,只见背面的那句话是:"本明信片正面的那句话是假的"。无论从哪句话出发,最后都会得到悖论性结果:该明信片上的某句话为真当且仅当该句话为假。显然,明信片悖论可以扩展为转圈悖论。一般地说,若依次给出有穷多个句子,其中每一个都说到下一个句子的真假,并且最后一个句子断定第一个句子的真假。如果其中出现奇数个假,则所有这些句子构成一个悖论;如果其中出现偶数个假(包括不出现假),则不构成任何悖论。

说谎者悖论在当时就引起广泛关注。据说斯多亚派的克里西普写了六部关于悖论的书。科斯的斐勒塔更是潜心研究这个悖论,结果把身体也弄坏了,瘦骨嶙峋。为了防止被风刮跑,他不得不随身带上铁球和石块,但最后还是因积劳成疾而一命呜呼。为提醒后

人勿重蹈覆辙,他的墓碑上写着:

> 科斯的斐勒塔是我,
> 使我致死的是说谎者,
> 无数个不眠之夜造成了这个结果。

从欧洲中世纪一直到当代,悖论(包括说谎者悖论)都是一个热门话题,并且对于下面这样一些问题,如悖论究竟是如何产生的,又如何去克服和避免,是否应该容忍悖论,学会与它们和平共处,迄今为止,仍莫衷一是,没有特别令人满意的解决方案。

芝诺悖论和归于不可能的证明

公元前4世纪,爱利亚的芝诺(Zeno of Elea,盛年约在前464—前461)提出了四个关于运动不可能的论证,史称"**芝诺悖论**"。

(1) 二分法。假设你要达到某个距离的目标,在你穿过这个距离的全部、达到该目标之前,你必须先穿过这个距离的一半;此前,你又必须穿过这一半的一半;此前,你又必须穿过这一半的一半的一半;如此递推,以致无穷。由于你不可能在有限的时间内越过无穷多个点,你甚至无法开始运动,更不可能达到运动的目标。

(2) 阿基里斯追不上乌龟。奥林匹克长跑冠军阿基里斯与乌龟赛跑,乌龟先爬行一段距离。在阿基里斯追上乌龟之前,他必须

阿基里斯追不上乌龟：一个逻辑上无懈可击的论证却导致了一个荒谬的结论。

先达到乌龟的出发点。而在这段时间内，乌龟又爬行了一段距离。阿基里斯又要赶上这段距离，而此时间内乌龟又爬行了一段距离。于是，阿基里斯距乌龟越来越近，但永远不可能追上它。

（3）飞矢不动。每一件东西，当它占据一个与它自身等同的空间时，是静止的。而飞矢在任何一个特定的瞬间都占据一个与它自身等同的空间，因此，飞矢是静止不动的。

（4）一倍的时间等于一半。假设有三列物体 A、B、C，A 列静止不动，B 列和 C 列以相同的速度朝相反方向运动，如下图所示：

A_1, A_2, A_3, A_4

$B_4, B_3, B_2, B_1 \rightarrow$

$\leftarrow C_1, C_2, C_3, C_4$

于是，当 B_1 达到 A_4 位置时，C_1 达到 A_1 的位置。B_1 越过四个 C 的时间等于越过两个 A 的时间。因此，一倍的时间等于一半。

芝诺还有几个否定"多"的哲学论证,并发展了一种归于不可能的论证方法,用现代术语说,即**归谬法**:先假设某个命题或观点成立,逐步推出不可能为真的命题,或明显荒谬的命题,或自相矛盾的命题,由此得出结论:该假设命题不成立。例如,他提出如果"存在"是多,它必定既是无限大又是无限小,其数量必定既是有限的又是无限的,它一定存在于空间之中,而此空间又必定存在于彼空间中,依此类推,以至无穷。他认为这些都是不可能的,所以"存在"必定是单一的。

尽管芝诺悖论是不成立的,但诚如恩格斯所言,这些悖论并不是在描述或否认运动的现象和结果,而是要说明和刻画运动如何可能的原因,即我们应该如何在理智中、在思维中、在理论中去刻画、把握、理解运动!我认为,对于早期文明中所出现的各种巧辩、诡辩和悖论,也应作如是观。

普罗泰戈拉和"半费之讼"

在雅典民主制时期,人们在议论时政、法庭辩护、发表演说、相互辩论时,都需要相应的技巧或才能。于是,传授文法、修辞、演说、论辩知识的所谓"智者"(Sophists)应运而生。

普罗泰戈拉(Protagoras,约前490—前410)就是智者派的主要代表人物之一。他有一句脍炙人口的名言:"人是万物的尺度。"因此,关于世上的万事万物,人们可以提出两个相互矛盾的说法,对于任何命题都可以提出它的反题,并且可以论证它们两者皆真。这样,他的真理观就带有浓厚的主观主义和相对主义色彩。在逻辑上,他最早传授和使用了二难推理,这就是著名的"半费之讼"。

据说有一天,普罗泰戈拉收了一名学生叫欧提勒士(Euathlus)。普氏与他签订了这样一份合同:前者向后者传授辩论技巧,教他帮人打官司;后者入学时交一半学费,另一半学费则在他毕业后帮人打官司赢了之后再交。时光荏苒,欧氏从普氏那里毕业了。但他总不帮人打官司,普氏于是就总得不到那另一半学费。普氏为了要那另一半学费,去与欧氏打官司,并打着这样的如意算盘:

> 如果欧氏打赢了这场官司,按照合同的规定,他应该给我另一半学费。
>
> 如果欧氏打输了这场官司,按照法庭的裁决,他应该给我另一半学费。
>
> 欧氏或者打赢这场官司,或者打输这场官司。
>
> 总之,他应该付给我另一半学费。

但欧氏却对普氏说:青,出于蓝而胜于蓝;冰,水为之而寒于水。我是您的学生,您的那一套咱也会:

> 如果这场官司我打赢了,根据法庭的裁决,我不应该给您另一半学费。

如果这场官司我打输了,根据合同的规定,我不应该给您另一半学费。

我或者打赢这场官司,或者打输这场官司。

总之,我不应该给您另一半学费。

读者朋友,我向你提出这样两个问题:假如你是法官,这师徒俩的官司打到你面前来了,你怎么去裁决这场官司?这是一个法律问题。假如你是一位逻辑学家,你又怎么分析这师徒俩的推理?它们都成立或都不成立吗?为什么?这是一个逻辑问题。请你认真思考一下,并与你身边的人讨论、交流。

苏格拉底的"精神助产术"

苏格拉底(Socrates,前469—前399)堪称哲学家的典范。据说他身材矮小,面目丑陋,步履蹒跚,十分贫穷。但他把刻在德尔斐神庙门楣上的那句格言"认识你自己"变成了他的终身践履。据记载,德尔斐神庙的祭司传下神谕说,没有人比苏格拉底更有智慧。为了验证神谕,苏格拉底向他在公共场合遇到的任何人质疑,特别是对那些自诩有坚定的伦理信仰的人。他开始提问时总是很谦谨:请教一下,什么是德行,什么是勇气,什么是友谊等,然后他从谈话对象愿意接受的命题和观点开始一路追问下去。他要求他的对手给出关于这些问题的一个概括性说明和总体性定义。当他得到这类定义或说法时,他会进一步问更多的问题,以显示这个定义可

纵然死神在头顶盘旋,苏格拉底也拒绝放弃他一生为之奋斗的信念:最高的美德是智慧。

能有的弱点。在他的诘难之下,与他讨论的人通常会放弃开始给出的定义而提出一个新定义,而这个新定义接着又会受到苏格拉底的质询,最后这个谈话对象会被弄得一脸茫然,满腹狐疑。由此,他不仅证明了他人的无知,而且也证明了他自己除了知道自己无知外,其实也一无所知,这也就是他比其他人更有智慧的地方。苏格拉底把这套方法比作"精神助产术",即通过比喻、启发等手段,用发问与回答的形式,使问题的讨论从具体事例出发,逐步深入,层层驳倒错误意见,最后走向某种确定的知识。它包括如下所述的四个环节:

(1) 反讥:从对方论断中推出矛盾;

(2) 归纳:从个别中概括出一般;

(3) 诱导:提出对方不得不接受的真理;

(4) 定义:对一般作出概要性解释。

因此,亚里士多德说:有两件事情公正地归之于苏格拉底,归纳推理和普遍定义,这两者都与科学的始点相关。

麦加拉派的疑难

麦加拉派因创建于西西里岛的麦加拉城而著名,它在逻辑学上的主要贡献有:条件句的性质,模态理论,以及下述怪论和疑难:

(1) 有角者。你没有失去的东西你仍然具有。你没有失去角,所以你有角。

(2) 秃头。头上掉一根头发算不算秃头?不算!再掉一根呢?也不算!再掉一根呢?还不算。再掉一根呢?……最后掉的一根头发造成了秃头。

(3) 谷堆。一粒谷算不算谷堆?不算!再加一粒呢?也不算!再加一粒呢?还不算。再加一粒呢?……最后加的一粒谷造成了谷堆。

(4) 幕后的人。你认识那个幕后的人吗?不认识。那个人是你的父亲,所以,你不认识你的父亲。

(5) 知道者怪论。厄勒克特拉不知道站在她面前的这个人是她的哥哥,但她知道奥列斯特是她的哥哥。站在她面前的这个人与奥列斯特是同一个人,所以,厄勒克特拉既知道又不知道这同一个人是她的哥哥。

(6) 狗父。这是一只狗,它是一位父亲,它是你的,所以,它是你的父亲。你打它,就是打自己的父亲。

(7) 鳄鱼悖论。一条鳄鱼从一位母亲手里抢走了她的小孩,并要母亲猜它是否会吃掉小孩,条件是:如果她猜对了,它就交还小孩;如果她猜错了,它就吃掉小孩。该位母亲答道:它将会吃掉她的小孩。结果如何呢?如果母亲猜对了,那么按照约定,鳄鱼应交还小孩;但这样一来,母亲就猜错了,又按照约定,鳄鱼应吃掉小孩。如果母亲猜错了,按照约定,鳄鱼应吃掉小孩;但这样一来,母亲就猜对了,又按照约定,鳄鱼要交还小孩。于是,鳄鱼应吃掉小孩,当且仅当鳄鱼应交还小孩。不论怎样,鳄鱼都无法执行自己的约定。

除最后的"鳄鱼悖论"是斯多亚派提出的之外,其他的怪论和疑难都属于麦加拉派。其中,(2)和(3)类似,(4)和(5)类似。(4)和(5)实际上涉及到同一替换原则在"认识""知道"这类词汇所构成的语境中的有效性问题,已经成为20世纪新兴的内涵逻辑的讨论和处理对象。如前所述,麦加拉派的欧布里德斯还把说谎者悖论加以强化,使之成为严格的悖论。

2 合同异、离坚白、白马非马

历史常常惊人的类似,只不过换了时间、场景和人物。与相距遥远的古希腊相比,在中国先秦时期前后,也有一些相似的人物、学派在尽情表演,有一些相似的有趣故事在发生。中国先秦名家足以与古希腊的智者派相媲美,司马谈在《论六家之要旨》中评论说:"名家,苛察缴绕,使人不得反其意,专决于名,而失人情。故曰:使人俭而善失真。若夫控名责实,参伍不齐,此不可不察也。"也就是说,名家的过失在于过细地考察名词、概念而流于烦琐,缠绕不识大体而丢掉事物的真相,违背人们的原意,其功绩则在于使人调整和矫正错综复杂的名实关系,故也值得重视。

邓析的"两可之说"

邓析(前545—前501),名家最早的代表人物,是当时著名的讼师,并以此谋生。《吕氏春秋》说:"子产治郑,邓析务难之。与民有狱者约,大狱一衣,小狱襦裤。民之献衣、襦裤而学讼者,不可胜数。以非为是,以是为非,是非无度,而可与不可日变。"《荀子·非十二子》说:"不法先王,不是礼仪,而好治怪说,玩琦辞,甚察而不惠,辩而无用,多事而寡功,不可以为纲纪。然而其持之有故,其言之成理,足以欺惑愚众,是惠施、邓析也。"

邓析常持"两可之说",有一个著名的例子:"洧水甚大,郑之富人有溺者,人得其尸者,富人请赎之,其人求金甚多,以告邓析。邓析曰:'安之,人必莫之卖矣。'得尸者患之,以告邓析。邓析又答之:'安之,此必无所更买矣。'"邓析的话看似矛盾,其实没有什么矛盾,因为邓析是一位讼师,其职责是法律咨询和代理。当他为死者家属出主意时,他是站在死者家属的立场上说话;当他为得尸者出主意时,他是站在得尸者的立场上说话。他的两个主意间的冲突只不过是死者家属与得尸者之间利益冲突的表现,并不是什么逻辑上的矛盾。

据说,邓析还提出过一些有违常识的命题,如"山渊平"(山与渊一样平),"天地比"(天与地一样高),"齐秦袭"(相距遥远的齐国和秦国是接壤的),"钩有须"("钩"即妪,指年老的妇女有胡须),"卵有毛"(有毛的鸡雏从卵中孵出,故卵有毛),等等。

惠施的"历物之意"

惠施(约前370—前310),曾任魏国宰相,名家的主要代表之一,思想上承邓析。据记载,"惠施多方,其书五车,其道舛驳,其言也不中",并且"善譬",即擅长用比喻来说明某个道理。他与庄子之间发生过一次著名的**"濠梁之辩"**:

> 庄子与惠子游于濠梁之上。庄子曰:"儵鱼出游从容,是鱼之乐也。"惠子曰:"子非鱼,安知鱼之乐。"庄子曰:"子非我,安

知我不知鱼之乐?"惠子曰:"我非子,故不知子矣;子故非鱼也,子之不知鱼之乐,全矣。"庄子曰:"请循其本。子曰'汝安知鱼乐'云者,既已知吾知之而问我,我知之濠上也。"(《庄子·秋水》)

对于这场论战的胜负,这里暂且不去管它,我们有兴趣的是惠施的"**历物之意**"。"历"有分辨、治理之意;"意"指思想上的断定和判断。"历物之意"是惠施对世上万物观察分析后所得出的一些基本判断,共有以下十条:

(1)"至大无外,谓之大一;至小无内,谓之小一。"这实际上是惠施给"大一"和"小一"所下的两个定义,可以看做是"分析命题"。

(2)"无厚不可积也,其大千里。"没有厚度的面积不可能成为厚的东西,却可以大至千里。

(3)"天与地卑,山与泽平。"世上的高低差别具有相对性。

(4)"日方中方睨,物方生方死。"世上万物无时无刻不在变化中。

(5)"大同而与小同异,此之谓小同异。万物毕同毕异,此之谓大同异。"世上万物既有同一又有差别。自其同者视之,物我齐一,天地一体;自其异者视之,肝胆楚越,世上没有两片相同的树叶,太阳每天都是新的。

(6)"南方无穷而有穷。""南方无穷"是当时人们的共识,惠施认为南方最终也以海为限,因而有穷。更深的含义可能是:有穷和无穷是相对的。

（7）"今日适越而昔来。"今天动身去越国，而昨天已经到了。由于今天和昨天都是相对而言的，假如可以随意变换时间坐标系，还有什么说法不可以？！

（8）"连环可解也。"一般认为连环不可解，但假如敞开思路，以"不解"为解，以"解体"（损坏）为解，以"指出不可解"为解，甚至以"可计算连环的圆周、半径、直径等"为解，那么，还有什么样的连环不可解？！

（9）"我知天下之中央，燕之北、越之南是也。"当时的常识是，中国是天下的中央，燕南越北即华夏民族聚居区，则是中国的中央。而惠施偏认为，燕北越南是天下的中央。司马彪给出了合理的解释："天下无方，故所在为中；循环无端，故所在为始也。"

（10）"泛爱万物，天地一体也。"既然一切都是相对的，物我齐一，天地一体，故应当泛爱万物。

惠施的"历物十事"在当时产生了很大的影响，其他辩者提出了"二十一事"与他相唱和：

> 惠施以此为大观于天下，而晓辩者；天下之辩者，相与乐之。卵有毛。鸡三足。郢有天下。犬可以为羊。马有卵。丁子有尾。火不热。山出口。轮不碾地。目不见。指不至，至不绝。龟长于蛇。矩不方，规不可以为圆。凿不围枘。飞鸟之影未尝动也。镞矢之疾，而有不行不止之时。狗非犬。黄马骊牛

三。白狗黑。孤驹未尝有母。一尺之捶,日取其半,万世不竭。辩者以此与惠施相应,终身无穷。(《庄子·天下》)

在这"二十一事"中,"轮不碾地""飞鸟之影未尝动也""镞矢之疾,而有不行不止之时""一尺之捶,日取其半,万世不竭"与前面所说的"芝诺悖论"十分相似。"鸡三足"和"黄马骊牛三"的手法是相似的,指鸡有"左足""右足",再加上"鸡足",于是"鸡三足"。显然,这是把一个集合当做了该集合自身的一个元素,这样的集合是非正常集合,容许这样的集合存在,将导致悖论,罗素悖论即"所有不属于自身的集合所组成的集合是否属于自身?"就证明了这一点。"孤驹未尝有母",辩者的理由是"有母非孤驹也"。这就是说,他们通过对"孤驹"的语义分析,得出了"孤驹无母"的命题,并由此推出"孤驹一直无母"的结论。显然,这个推理是错误的,《墨经》在反驳它时区分了两种"无":一种是"无之而无",即从来没有,如"无天陷"之"无";另一种是"有之而无",如先有马,后无马,即先有而后失之"无"。这种"无""有之而不可去,说在尝然"(曾经如此),并说:"已然而尝然,不可无已"。这就是说,《墨经》认为正确的命题是:"孤驹现在无母,但曾经有母",而这就击破了辩者的诡辩。

有些学者把"二十一事"分为两组,一为"合同异组",包括"卵有毛""鸡三足""郢有天下""犬可以为羊""马有卵""丁子有尾""山出口""龟长于蛇""白狗黑""黄马骊牛三";一为"离坚白组",包括"火不热""轮不碾地""目不见""指不至,至不绝""矩不方,规不可以为圆""凿不围枘""飞鸟之影未尝动也""镞矢之疾,而有不行不止之时""狗非犬""孤驹未尝有母""一尺之捶,日取其半,万世不竭"。这样分的结果,从形式上看,前者均为肯定命题,后者均为否定命题(带有"不""未""非"等否定词)。前者倾向于从差异性中看出同一性,用的是异中求同法;后者倾向于从同一性中看出差异性,用的是同中求异法。此说有理。

公孙龙和白马非马

公孙龙(约前325—前250),战国末期人,曾为赵国平原君门下客卿,名家的主要代表人物之一,历史上以"白马非马"和"坚白之辩"而闻名。据说,有一次他骑马过关,关吏说:"马不准过。"公孙龙答道:"我骑的是白马,白马非马。"关吏被他弄糊涂了,于是连人带马一起放过关。

白 马 非 马

《公孙龙子》是公孙龙的著作辑成,其中有一篇《白马论》,其主要命题是"**白马非马**",对它的论证则包括:

(1) 从概念的内涵说,"马者,所以命形也;白者,所以命色也。命色者非命形也。故曰:白马非马。"这就是说,"马"的内涵是一种动物,"白"的内涵是一种颜色,"白马"的内涵是一种动物加一种颜色。三者内涵各不相同,所以白马非马。

"盲人骑瞎马,夜半临深池",都是形容瞎碰乱撞、面临极大危险而不自知的境况。作为聪明人的公孙龙,骑着一匹骏马,其所遇到的当然是另一番景象了。

(2)从概念的外延说,"求马,黄黑马皆可致。求白马,黄黑马不可致。……故黄黑马一也,而可以应有马,而不可以应有白马,是白马非马审矣。""马者,无去取于色,故黄黑马皆所以应。白马者,有去取于色,黄黑马皆所以色去,故惟白马独可以应耳。无去取非有去取也,故曰:白马非马。"这就是说,"马"的外延包括一切马,不管其颜色如何;"白马"的外延只包括白马,有相应的颜色要求。由于"马"和"白马"的外延不同,所以白马非马。

(3)从共相的角度说,"马固有色,故有白马,使马无色,有马如已耳。安取白马?故白者,非马也。白马者,马与白也,白与马也。故曰:白马非马也。"这似乎是在强调,"马"这个共相与"白马"这个共相不同。马的共相,是一切马的本质属性,不包括颜色,仅只是"马作为马",而"白马"的共相包括颜色。于是,马作为马不同于白马作为白马,所以白马非马。

关于"白马非马"这个命题的意义,人们有不同的理解。一是把其中的"非"理解为"不等于","白马非马"是说"白马不等于马",它把"属"和"种"、"类"和"子类"区分开来,因此是一个正确、科学的命题。一是把"非"理解为"不属于","白马非马"是说"白马不属于马",因此它是一个虚假、错误的命题。公孙龙的意思究竟是什么?在我看来,他是通过"白马不等于马"来论证"白马不属于马",因而是在进行诡辩。

白马非马?何意?若说白马不等于马,是也!若说白马不属于马,非也!古汉语句式简短,句法结构不完整,这就留下了极大的解释空间。这有利于文学艺术的繁荣,却不利于科学技术的发展。好坏兼于一身。

坚白之辩

《公孙龙子》中另有一篇《坚白论》,其主要命题是"坚白相离",并给出了两个论证:

(1)知识论论证。假设有坚白石存在,问:"坚白石三,可乎?曰:不可。二,可乎?曰:可。何哉?无坚得白,其举也二;无白得坚,其举也二。""视不得其所坚而得其所白者,无坚也;拊不得其所白而得其所坚者,无白也。"这就是说,用眼睛看,只能感知到有一白石,而不能感知到有一坚石;用手摸,只能感知到有一坚石,而不能感知到有一白石。因此,坚、白相离。

(2)本体论论证。坚、白二者作为共相,尽管体现在一切坚物和白物身上,但它们本身却是不定所坚的坚,是不定所白的白。即使这个世界中完全没有坚物和白物,坚还是坚,白还是白。坚、白作为共相,独立于坚白石以及一切坚物和白物而存在。这一点的事实根据在于:在这个世界上,有些物坚而不白,有些物白而不坚。所以,坚、白相离。

《墨经》的逻辑学

墨翟(约前480—前420)及其弟子形成墨家学派,墨学曾风靡于整个战国时期,号称"显学"。《墨经》是后期墨家的创作,包括《经上》《经下》《经说上》《经说下》《大取》《小取》等六篇。《墨经》讨论了"名",其作用是"以名举实",其种类有达名、类名、私名,形貌之名和非形貌之名,兼名和体名等。也讨论了"辞":其作用是"以辞抒意",其种类有"合"(直言命题)、"假"(假言命题)、"尽"(全称命题)、"或"(特称命题)、"必"(必然命题)、"且"(可能命题)等。但《墨经》论述的重点在"说"与"辩"。"以说出故","说,所以明也"。"说"就是提出理由、根据、论据(即所谓"故")来论证某个论题。"辩,争彼也。辩胜,当也",下面一段话则是关于"辩"的一个总说明:

> 夫辩者,将以明是非之分,审治乱之纪,明同异之处,察名实之理,处利害,决嫌疑。焉摹略万物之然,论求群言之比。以名举实,以辞抒意,以说出故。以类取,以类予。有诸己不非诸人,无诸己不求诸人。(《小取》)

这里,前半段是说辩的目的和功用,后半段是说辩的方法和原则。《小取》谈到了七种具体论式:或、假、效、辟、侔、援、推;《经说》上下说到过"止"。"推"和"止"主要用于反驳,其他六种均同时适用于"说"和"辩"。这里,将这八种论式概要解释如下:

(1)"或也者,不尽也。""或"相当于选言推理。

(2)"假也者,今不然也。"假设当下没有发生的情况并进行推理,相当于假言推理。

(3)"效者,为之法也。所效者,所以为之法也。"在"立辞"之前提供一个评判是非的标准,再看所立的"辞"是否符合这个标准:"中效,则是也;不中效,则非也。此效也。"

(4)"辟也者,举他物而以明之也。""辟"即譬喻,相当于类比推理。

(5)"侔也者,比辞而俱行也。"例如,"狗,犬也;故杀狗即杀犬也。"相当于附性法直接推理,是一种易错的推理形式。

(6)"援也者,曰:子然,我奚独不可以然也?"即通过援引对方来作类比推理,证明自己的观点也成立。

(7)"推也者,以其所不取之同于所取者予之也。'是犹谓'也者,同也;'吾岂谓'也者,异也。"即通过揭示对方所否定的命题("所不取者")和对方所肯定的命题("所取者")属于同类,从而推出只能对它们加以同样的肯定或否定,而不能二者择一。它主要是一种反驳方法。

(8)"止,因以别道。"(《经上》)"止"是举反面例证来推翻一个全称命题:"彼举然者,以为此其然者,则举不然者而问之。若'圣人有非而不非'。"(《经说下》)

3 逻辑基本规律

以上所说的各种巧辩、诡辩和悖论,肯定引起了古代优秀思想家们的深刻分析与反省。其证据是:《论题篇》和《辨谬篇》据认为是亚里士多德的早期著作,《论题篇》共分八卷,主要分析与论辩相关的问题,提出了著名的"四谓词"学说;《辨谬篇》被认为是《论题篇》的第九卷,主要揭示和分析各种谬误和诡辩,并提出了反驳的方法。《墨经》中也有大量内容分析和反驳思维中的谬误和诡辩。印度逻辑分为婆罗门的正理逻辑和佛教的因明,其中都有关于谬误和诡辩的理论,叫做"过论"或"论过"。在针对一些具体的谬误和诡辩提出具体的解决方法时,古代思想家们不能不思考这样的问题:为了正确地使用语言和思维,为了使理性的交流能够顺利进行,人们是否应当遵循某些一般的原则、假定或者规律?据现有史料,他们确实这样做了并各自提出和表述了**同一律**、**矛盾律**和**排中律**,近代的莱布尼茨则提出了**充足理由律**,这四条规律后来被称为"思维基本规律"或"**逻辑基本规律**"。

"存在的东西存在"

古希腊哲学家巴门尼德(Parmenides,盛年约在前504—前501)可能最先模糊地表述了同一律的思想。他提出通向真理有两条截然不同的途径:"第一条是,存在物是存在的,是不可能不存在的,这是确信的途径,因为它通向真理;另一条则是,存在物是不存在的,非存在必然存在,这一条路,我告诉你,是什么也学不到的。"当然,这里的同一律首先具有本体论意义,然后才具有认识论和逻辑学的意义。柏拉图在《斐多篇》中指出:思维必须与其自身一致,而我们所有的确信都必须彼此一致。《墨经》中说:"正名者,彼彼此此可。彼彼止于彼,此此止于此"(《经下》)。也就是说,所使用的语词、概念必须名实相符,与对象一一对应,不可混淆。

巴门尼德(Parmenides,约前515—前5世纪中叶以后)认为,世界是一个无结构的整体,是始终不变的一。

后来,经过历代逻辑学家的整理,同一律被作为思维的规律加以表述。其内容是:在同一思维过程中,一切思想都必须与自身保持同一。更具体地说:

(1) 在同一思维过程中,必须保持概念自身的同一,否则就会犯"混淆概念"或"偷换概念"的错误;

(2) 在同一思维过程中,必须保持论题自身的同一,否则就会犯"转移论题"或"偷换论题"的错误。

也就是说,同一律要求在同一思维过程(同一思考、同一表述、同一交谈、同一论辩)中,在什么意义上使用某个概念,就自始至终在这个唯一确定的意义上使用这个概念;讨论什么论题,就讨论什么论题,不能偏题、离题、跑题。同一律的作用在于保证思维的确定性。

例1

警察:"你为什么骑车带人,懂不懂交通规则?"

骑车人:"我以前从没有骑车带人,这是第一次。"

下述哪段对话中出现的逻辑错误与题干中的最为类似?

A. 审判员:"你作案后跑到什么地方去了?"

被告:"我没作案。"

B. 母亲:"我已经告诉过你准时回来,你怎么又晚回来一小时?"

女儿:"你总喜欢挑我的毛病。"

C. 老师:"王林同学昨天怎么没完成作业?"

王林:"我爸爸昨天从法国回来了。"

D. 张三:"你已经停止打你的老婆了吗?"

李四:"我从来就没有打过老婆。"

E. 谷菲:"昨晚的舞会真过瘾,特别是那位歌星的歌特煽情。"

白雪:"他长得也特酷,帅呆了!"

解析 在题干中,骑车人并没有回答警察的问题,而是寻找借口希望得到警察的谅解,犯了"转移论题"的逻辑错误。在诸选项中,A、C、D、E中答者的回答都与问者的问题相关,只有B中女儿所答非所问,转移论题,因此答案是B。

例2

张先生买了块新手表。他把新手表与家中的挂钟对照,发现手表比挂钟一天慢了三分钟;后来他又把家中的挂钟与电台的标准时对照,发现挂钟比电台标准时一天快了三分钟。张先生因此推断:他的表是准确的。

以下哪项是对张先生推断的正确评价?

A. 张先生的推断是正确的。因为手表比挂钟慢三分钟,挂钟比标准时快三分钟,这说明手表准时。

B. 张先生的推断是正确的。因为他的手表是新的。

C. 张先生的推断是错误的。因为他不应该把手表和挂钟比,应该直接和标准时间比。

D. 张先生的推断是错误的。因为挂钟比标准时快三分钟,是标准的三分钟;手表比挂钟慢三分钟,是不标准的三分钟。

E. 张先生的推断既无法断定为正确,也无法断定为错误。

解析 答案是D。因为两个三分钟不是同一概念,前一个"三分钟"是与不准确的挂钟相对照的结果,因而是不准确的三分钟;后一个"三分钟"是与标准时间相对照的,是准确的三分钟。张先生的推断违反同一律,犯了"混淆概念"的错误。

违反同一律的错误中,有一类被叫做"稻草人谬误"。这是指:在论辩过程中,通过歪曲对方来反驳对方,或者通过把某种极端荒谬的观点强加给对方来丑化对方的诡辩手法,就像树起一个稻草人

在这幅16世纪罗马修道院的壁画中,同属古希腊的三位大人物——哲学家柏拉图与数学家毕达哥拉斯、雅典执政官和改革家梭伦——在一起,象征着:从哲学思考、数学到法律,一切都要遵循理性的秩序。

做靶子,并自欺欺人地以为:打倒了这个稻草人就是打倒了对方。歪曲对方观点的重要手法有引申、简化、省略、夸张、虚构等等。在以前的各种政治运动特别是"文化大革命"运动中,此类手法被运用到登峰造极的程度。但是,无论在逻辑上还是在人们的心理上,此类诡辩手法都是不管用的。因为批判的态度应该是科学的态度:在批判对方时,在与对方论战时,每个人都有义务忠实地转达对方的观点,并在此基础上与之展开论战,这是逻辑的要求,也是道德的要求!

例3

无政府主义者故意把马克思主义的一个重要论点"人们的经济地位决定人们的意识"歪曲为"吃饭决定思想体系",并对这个荒谬的论点大加攻击。斯大林揭露了这一偷换论题的诡辩手法:"请诸位先生们告诉我们吧:究竟何时、何地、在哪个行星上,有哪个马克思说过'吃饭决定思想体系'呢?为什么你们没有从马克思著作中引出一句话或一个字来证实你们的这种论调呢?诚然,马克思说过,人们的经济地位决定人们的意识,决定人们的思想,可是谁向你们说过吃饭和经济地位是同一种东西呢?难道你们不知道,像吃饭这样的生理现象是与人们的经济地位这种社会现象根本不同的吗?"

"不可同世而立"

中外许多古代思想家都有思维不能自相矛盾的思想。在古希腊,亚里士多德则对此给予了最明确的表述。他在《形而上学》一书中指出:"同一事物,不可能在同一时间内既存在又不存在,也不允许有以同样方式与自身相对立的东西。""对立的陈述不能同时为真。""对于同一事物相反的主张决不能是真的。"这实际上是把矛盾律同时表述为存在的规律、逻辑的规律、语义的规律等。《墨经》中也用它特有的语言表述了矛盾律:"彼,不两可两不可也"(《经上》)。"或谓之牛,或谓之非牛,是争彼也。是不俱当,必或不当。不当若犬"(《经说上》)。

矛盾律应该叫做禁止矛盾律,或不矛盾律。其内容是指两个互相矛盾或互相反对的命题不能同真,必有一假。其逻辑要求是:在两个互相矛盾或互相反对的命题中,必须否定其中一个,不能两个都肯定。(两个命题互相矛盾,是指它们不能同真,也不能同假;两个命题互相反对,是指它们不能同真,但可以同假。)否则,就会犯"自相矛盾"的逻辑错误。

例 4

《韩非子》中写道:"楚人有鬻盾与矛者,誉之曰:'吾盾之坚,物莫之能陷也。'又誉其矛曰:'吾矛之利,于物无不陷也。'或曰:'以子之矛,陷子之盾,何如?'其人弗能应也。夫不可陷之盾与无不陷之矛,不可同世而立。"

以下哪些议论与那位楚人一样犯有类似的逻辑错误,除了:

A. 电站外高挂一块告示牌:"严禁触摸电线!500伏高压一触即死。违者法办!"

B. 一位小伙子在给他女朋友的信中写到:"爱你爱得如此之

深,以至愿为你赴汤蹈火。星期六若不下雨,我一定来。"

C. 狗父论证:"这是一条狗,它是一位父亲。而它是你的,所以它是你的父亲。你打它,你就是在打自己的父亲。"

D. 他的意见基本正确,一点错误也没有。

E. 今年研究生考试,我有信心考上,但却没有把握。

解析 尽管"狗父论证"是一个完全无效的论证,但其中并没有"自相矛盾"的错误,而其他各项都犯有"自相矛盾"的错误。所以,正确答案是 C。

找出话语之间表面上的矛盾尽管也是必要的,但更重要的是要挖掘一个理论内部隐藏着的矛盾,而这需要洞察力、逻辑训练和相关的知识。例如,《墨经》中说,"以言为尽悖,悖,说在其言"(《经下》)。"之人之言可,是不悖,则是有可也;之人之言不可,以当,必不当"(《经说下》)。又如,亚里士多德的理论"物体的下落速度与物体的重量成正比"统治物理学近两千年。伽利略通过一个思想实验对它提出了质疑。他假设亚氏的理论成立,并设想有这样两个物体:A 重 B 轻,按照亚氏的理论,下落时 A 快 B 慢。再设想把 A、B 两个物体绑在一起形成 A+B,A+B 显然比 A 重,按照亚氏理论,A+B 下落比 A 快;A+B 中原来 A 快 B 慢,在下落时慢的 B 拖住了快的 A(即两物的合成速度小于等于其中最快的那个物的速度),因此,A+B 下落比 A 慢。矛盾,亚氏理论不成立。伽利略于是提出了他自己的理论:(在真空条件下)物体的下落速度与物体的重量没有关系,据说还进行了一次著名的比萨斜塔实验来验证他的理论。

比萨斜塔是真实的存在,但伽利略的比萨斜塔实验则近乎一个传说。

例5

某珠宝商店失窃,甲、乙、丙、丁四人涉嫌被拘审。四人的口供如下:

甲:案犯是丙。

乙:丁是罪犯。

丙:如果我作案,那么丁是主犯。

丁:作案的不是我。

四个口供中只有一个是假的。

如果以上断定为真,则以下哪项是真的?

A. 说假话的是甲,作案的是乙。

B. 说假话的是丁,作案的是丙和丁。

C. 说假话的是乙,作案的是丙。

D. 说假话的是丙,作案的是丙。

E. 说假话的是甲,作案的是甲。

解析 答案是 B。乙和丁的口供互相矛盾,根据矛盾律,必有一假。又由"四个口供中只有一个是假的"这一条件,得知甲和丙说真话,由此又可推出"丁是主犯"。因此,丁说假话,作案的是丙和丁。

排中律和二值原则

亚里士多德明确表述了排中律:"在对立的陈述之间不允许有任何居间者,而对于同一事物必须要么肯定要么否定其某一方面。这对于定义什么是真和假的人来说是十分清楚的。"《墨经》中则说:"彼,不两可两不可也"(《经上》)。"谓辩无胜必不当。说在辩"(《经下》)。"所谓非同也,则异也。同则或谓之狗,或谓之犬。异则或谓之牛,其或谓之马也。俱无胜,是不辩也。辩也者,或谓之是,或谓之非,当者胜也"(《经说下》)。

排中律的内容是:两个互相矛盾的命题不能同假,必有一真。其逻辑要求是:对两个互相矛盾的命题不能都否定,必须肯定其中一个,否则会犯"两不可"的错误(不过,这里要注意,对两个互相反对的命题,虽然不能同时都肯定,却可以同时都否定)。排中律的作

《观景楼》,埃舍尔

在这幅画中有三处不合常理的地方,你能找到么?图画中部的梯子、支撑楼台的柱子以及左下角坐着的人手中拿着的立方体,这些诡异之处是我们所不能设想的,因为它们和我们所知的物理规律矛盾。人们都说,逻辑规律是必然的,物理规律是或然的;我们可以设想一个不遵守物理规律的世界(例如一个不遵守万有引力定律的世界),却不能设想一个不遵守逻辑规律的世界(例如一个二加二既等于又不等于四的世界)。然而在现实生活中,从来没有人能违反物理规律来做事,而人们倒是常常有意无意地做着些自相矛盾不合逻辑规律的事情。

在经典逻辑系统中,出现矛盾是一个很可怕的事,它会扩大到整个系统,导致这个系统崩溃。这是由于经典系统都承认"矛盾推出一切"这条定理。然而在现实生活中,矛盾却不会推出一切,即使人们说话、做事中有着矛盾,太阳依旧升起,人们依旧生活。因此,如果在逻辑系统中出现了矛盾,我们是否可以把这矛盾限制在一定的范围而不让它扩散,是否可以暂时隔离以待日后解决?"弗协调逻辑"就是一种容许矛盾式存在的逻辑系统,有兴趣的读者可以自行查阅。

用在于保证思维的明确性。

把矛盾律和排中律的内容合起来表述:任一命题必定或者为真或者为假,非真即假,非假即真。这就是所谓的"二值原则",如亚里士多德所言:"关于现在和过去所发生事情的判断,无论是肯定还是否定,必然或者是真实的,或者是虚假的。"一般使用的逻辑都是建立在真假二值原则之上的,因此叫做"二值逻辑"。

例 6

一天,小方、小林做完数学题后发现答案不一样。小方说:"如果我的不对,那你的就对了。"小林说:"我看你的不对,我的也不对。"旁边的小刚看了看他们俩人的答案后说:"小林的答案错了。"这时数学老师刚好走过来,听到了他们的谈话,并查看了他们的运算结果后说:"刚才你们三个人所说的话中只有一句是真的。"

请问下述说法中哪一个是正确的?

A. 小方说的是真话,小林的答案对了。

B. 小刚说的是真话,小林的答案错了。

C. 小林说对了,小方和小林的答案都不对。

D. 小林说错了,小方的答案是对的。

E. 小刚说对了,小林和小方的答案都不对。

解析 题干中小方和小林的话是相互矛盾的,因此根据排中律,其中必有一句是真的。既然老师说三句话中只有一句是真的,则小刚的话就是假的,由此可知小林的答案没有错,于是又可以知道小林的话是假的,而小方的话是真的,因此,正确答案是 A。

莱布尼茨和充足理由律

古希腊哲学家特别强调推理、论证的作用,并且构造了许多著名的推理和论证。柏拉图指出:我们的断定必须从理由中产生。仅仅当其根据是已知的时,知识在性质上才是科学的。有人认为,充足理由律是亚里士多德全部逻辑学的动力,因为亚氏把逻辑学理解为关于证明的科学,理解为根据充足理由分辨真实和虚假的科学。《墨经》中也说:"夫辞以故生。立辞而不明于其所生,妄也。"(《大取》)即是说,论断凭借理由而产生,提出论断而不明确它赖以产生的理由,就是虚妄的。并且,墨家还把"故"分为"大故"、"小故":小故是"有之不必然,无之必不然",相当于必要条件;大故是"有之必然,无之必不然",相当于充分必要条件。不过,比较公认的说法是,最先明确表述充足理由律的是德国哲学家、数学家莱布尼茨(G. W. Leibniz,1646—1716)。他认为我们的推理是建立在两大原则之上的,一个是矛盾原则,即思维中不允许自相矛盾;另一个就是充足理由原则:"任何一件事如果是真实的或实在的,任何一个陈述如果是真实的,就必须有一个为什么这样而不那样的充足理由,虽然这些理由常常不能为我们所知道的。"

关于充足理由律是不是逻辑基本规律,存在着不同的争论意见,并且占主导地位的意见似乎是认为它不是逻辑基本规律。不过,我个人却倾向于把它当做思维基本规律,并给出了我的论证。在我看来,充足理由律的内容是:在同一思维和论证过程中,一个思想被确定为真,要有充足的理由。具体要求有以下三点:(1) 对所要论证的观点必须给出理由;(2) 给出的理由必须真实;(3) 从给出的理由必须能够推出所要论证的论点。否则,就会犯"没有理由""理由虚假"和"推不出来"的错误。充足理由律的作用在于确保思维的论证性。

"没有理由"并不是完全不给出任何理由,而是好像在给出理由。但这些所谓的"理由"其实不是理由,它们与所要论证的观点之间不相干,或很少相干。

例7

古代,一家有祖孙三代。爷爷经过寒窗苦读,由农民子弟考中状元,做了大官。不料他的儿子却游手好闲,一事无成。但他的孙子却考上了探花。于是,爷爷就经常抱怨他的儿子,说他们家就他一个人不争气。但他的儿子却说:"你的父亲不如我的父亲,你的儿子不如我的儿子,我比你还争气!"

解析 一个人是否争气,主要看他自己的作为,而与他父亲、儿子的作为没有多大关系,因此,那位儿子所引用的证据与他要证明的结论"我比你还争气"不相干。

这种"不相干"的错误有许多具体表现形式,它们都是以貌似给出理由的方式,行"毫不讲理""蛮不讲理"之实。如:

(1) **诉诸个人**,即以对论敌的品质评价来论证其人某种言论的错误。例如:"你们不要相信他的话,他因生活作风有问题受过处分。"显然,一个人品质的好坏与他观点的正确与否之间没有直接的逻辑联系。

（2）**诉诸情感**，即用激动众人感情的办法来代替对某个论题的论证。不论述自己的观点何以成立，而是以哗众取宠来取胜，叫做"诉诸公众"。例如，"我所主张的只不过是大多数公众的观点，你反对我，就是在与公众作对。不信你问一问在场的人？"不去陈述某个观点成立的理由，而是促使别人同情持有这种观点的人，以图侥幸取胜，叫做"诉诸怜悯"。例如，有的犯罪嫌疑人在法庭上痛哭流涕地说道："我上有年迈的失去自理能力的老母，下有一个正在上小学的孩子，如果给我判刑，投入监狱，他们该怎么办呀！"

（3）**诉诸权威**，或者说乱引权威，包括引用权威人士的无关言论或只言片语乃至错误的言论，来代替对论点的论证；或以权威人士从未说过如此来反对某种观点。例如，"爱因斯坦都这么说，你竟敢不同意？"

（4）**诉诸无知**，断定某事如此的理由是没有人说过它不是如此。例如，"我坚信有鬼存在，不然那些怪事怎么解释？""因为没有证据表明上帝不存在，所以上帝是存在的。"

（5）**数据与结论不相干**。请看下面两段议论：

例8

某位酒厂老板对自己厂出的酒赞不绝口。因为每一百位消费者中只有三位投诉该酒有质量问题。他说："这就是说，有97%的消费者对我厂的产品满意，由此可以看出我厂的酒是多么好。建议你们也经常买我们厂的酒喝。"

解析 这位厂长把统计数据用到了风马牛不相及的结论上。很显然，只有3%的消费者投诉，并不能说明未投诉的消费者就对其产品非常满意，有些人也许嫌麻烦，有些人也许认为不值得投诉，只是再也不打算买该厂的酒罢了。

"**理由虚假**"指用虚假的理由充当论据去证明某种东西，但实际上根本起不到这种证明作用。例如，"所有的猴子都是人变的，金丝猴是猴子，所以金丝猴是人变的。"这个推理的大前提明显为假，因此它不能证明它的结论，人们根本不会去认真睬此类推理或论证，不会把它们当一回事。

"**预期理由**"是指用本身的真实性尚待证明的命题充当论据，与虚假的理由一样，它也起不到证明的作用。例如，在昆曲《十五贯》中，糊涂知县就用想当然的方式判案，是典型的预期理由："看她艳若桃李，岂能无人勾引？年正青春，怎会冷若冰霜？她与奸夫情投意合，自然要生比翼双飞之心。父亲阻拦，因之杀其父而夺其财，此乃人之常情。这案情就是不问，也已明白八九了。"

"**推不出来**"主要指推理过程不合逻辑，因而论点的真实性没有逻辑保证。它有许多表现形式。例如，"如果长期躺在床上看书，就会患近视眼；我从不躺在床上看书，所以，我不会患近视眼。"这是充分条件假言推理的否定前件式，但它是无效的，犯了"推不出来"的逻辑错误。**循环论证**也是一种典型的"推不出来"的逻辑错误，它通过论据去证明论题的真实性，然后又通过论题去证明论据的真实性。例如，鲁迅在《论辩的魂灵》一文中，就揭露了顽固派的这种

《问号》,〔丹麦〕Peter Challesen,纸雕

哲学源自惊诧,科学始于问题,人生充满疑惑。有了问题和疑惑,就要寻求答案,特别是正确的答案。正确的答案都是得到理由和证据支持的;无理由和证据支持的,甚至都算不上是一个"答案",更遑论"正确的答案"。有一句话说得好:论证的过程甚至比论证的结论更重要,因为正是论证过程才赋予某个思想以可理解性和可批判性。

诡辩手法:"你说谎,卖国贼是说谎的,所以你是卖国贼。我骂卖国贼,所以我是爱国者。爱国者的话是最有价值的,所以我的话是不错的。我的话既然不错,你就是卖国贼无疑了。"这里,顽固派所进行的是一个典型的循环论证。

在各种能力性考试如 MBA、MPA 的逻辑考试中,重点考察的就是思维的论证性,即对各种已有的推理或论证做出批判性评价:对某个论点是否给出了理由?所给出的理由真实吗?与所要论证的论点相关吗?如果相关,对论点的支持度有多高?是必然性支持(若理由真,则论点或结论必真),还是或然性支持(若理由真,结论很可能真,但也有可能假)?是强支持还是弱支持?给出什么样的理由能够更好地支持该结论?给出什么样的理由能够有力地驳倒该结论,或者至少是削弱它?具体考题类型有"直接推断型""强化前提型""削弱结论型"和"说明解释型",等等。

例 9

1988 年,乔治·布什与丹·奎尔搭档竞选美国总统。当时人们攻击奎尔,说他的家族曾帮他挤进印第安纳州的国民卫队,以逃避去越南服兵役。对此,布什反驳说:"丹·奎尔曾在国民卫队服役,他的分队当时尚有空缺;现在,他却受到了爱国派们尖刻的攻击。……诚然,他没去越南,但他的分队也没有被派往那里。有些事实谁也不能抹杀:他没有逃往加拿大,他没有烧掉应征卡,也肯定没有烧过美国国旗!"

以下哪些议论的手法与布什的手法最为相似?

A. 某公司用淀粉加红糖制成所谓"营养增高剂",被骗者甚众。工商管理人员因它是假药要查封它。该公司董事长振振有辞,不让查封,他说:"我没有害死人。营养增高剂吃不死人,你不信,我现在就吃给你看,并且吃了它还顶事——管饱。"

B. 一公司经理说:"过去有个说法,金钱关系最肮脏。其实从某种意义上讲,金钱关系最纯洁,人情关系最复杂,说不清有什么肮脏的东西在里边,所以,我跟朋友都不借钱,也绝不与朋友做生意。"

C. 某研究生对导师说:"学习成绩全优的学生学习都很刻苦,你要是想让我学习刻苦,最好的办法是给我的所有课程都判优。"

D. 你说"所有的天鹅都是白的"不对,因为在澳洲早就发现了黑天鹅。

E. 张一弛解决了一个数学史上一百多年未被解决的难题,所以,他是一位优秀的数学家。

解析 题干中的问题在于奎尔的家族是否曾经帮助他逃避服兵役,而不在于他是否爱国。布什所提出的那些事实性断言与论题毫不相干,他靠诉诸我们的情感因素,诱使我们从基本问题游离开去。在各个选项中,B 中经理的说话方式与布什的没有任何类似;D、E 所提出的论据是支持其结论的充分理由。C 项中那位研究生做了不正确的推理,即充分条件假言推理的肯定后件式,而布什并没有做这样的推理。选项 A 中那位董事长企图用一些不相干的事实来逃避工商管理人员的处罚,与布什的手法最为类似。所以,正确的选项是 A。

二

信仰是否需要得到理性的辩护和支持？

——逻辑是关于推理和论证的科学

求知是人之本性。

三段论是一种论证，其中只要确定某些论断，某些异于它们的东西便可以从如此确定的论断中推出。

——亚里士多德

亚里士多德(Aristotle,前384—前322),古希腊哲学家,一位百科全书式的学者。一生著述宏富,其主要逻辑著作有:《范畴篇》《解释篇》《前分析篇》《后分析篇》《论题篇》《辨谬篇》,后人将其集成《工具论》出版。他创立了以三段论为主体的词项逻辑体系,史称"逻辑之父"。

在欧洲中世纪基督教哲学中,哲学家们围绕信仰和理性的关系问题曾发生过论战。一方是极端的信仰主义者,其典型代表是德尔图良(Tertulian,145—220),他曾提出"惟其不可能,我才信仰"的主张。另一方是理性护教主义者,例如安瑟尔谟(St. Anselmus,1033—1109)和托马斯·阿奎那(Thomas Aquinas,1224—1274),尽管他们也主张要先信仰后理解,但认为信仰并不排斥理解,甚至需要得到理性的支持和辩护。正是基于这样一种认识,他们用各种各样的论证去为上帝存在辩护,先后提出过下述"证明":

(1) 本体论证明,这是安瑟尔谟提出来的。其要点是:上帝是无限完满的;一个不包含"存在"性质的东西就谈不上无限完满,因此,上帝存在。

(2) 宇宙论证明,这是阿奎那提出来的。具体有以下三个论证:(a)自然事物都处于运动之中,而事物的运动需要有推动者,这个推动者本身又需要有另外的推动者,……,为了不陷于无穷后退,

圣托马斯·阿奎那（Thomas Aquinas，约1225—1274）是最早把亚里士多德著作引进基督教思想中的哲学家。在这幅绘于14世纪的画作中，阿奎那位于亚里士多德（左）和柏拉图（右）之间。

需要有第一推动者,这就是上帝。(b)事物之间有一个因果关系的链条,每一个事物都以一个在先的事物为动力因,由此上溯,必然有一个终极的动力因,这就是上帝。(c)自然事物都处于生灭变化之中,其中有些事物是可能存在的,有些事物是必然存在的。一般来说,事物存在的必然性要从其他事物那里获得,由此上溯,需要有某一物,其本身是必然存在的并且给其他事物赋予必然性,这就是上帝。

(3)目的论证明,也是由阿奎那提出来的。具体有以下两个论证:(a)自然事物的完善性如真、善、美有不同的等级,在这个等级的最高处必定有一个至真、至善、至美的存在物,他使世上万物得以存在并且赋予它们以不同的完善性,这就是上帝。(b)世上万物,包括冥顽不灵的自然物,都服从或服务于某个目的,其活动都是有计划、有预谋的,这需要一个有智慧的存在物的预先设计和指导,这个最终的设计者和指导者就是上帝。

对这些论证的是非曲直,这里不作评论。只是想指出一点,如果像上帝存在这样的事情,也要通过推理、论证来支持或确立,那么还有什么东西不需要经过推理和论证呢?由此足见,强调推理和论证的理性主义在西方文化传统中是多么根深蒂固,影响深远。逻辑学正是从这种深厚的理性主义土壤中生长出来的,它是专门研究推理和论证的一门科学,其任务是提供识别正确的(有效的)推理和论证与错误的(无效的)推理和论证的标准,并教会人们正确地进行推理和论证,识别、揭露和反驳错误的推理和论证。

1 什么是推理和论证？

推理是从一个或者一些已知的命题得出新命题的思维过程或思维形式。其中已知的命题是前提,得出的新命题是结论。

例如,下面两段话都表达推理:

例 1

如果所有的鸟都会飞并且鸵鸟是鸟,则鸵鸟会飞。所以,如果鸵鸟不会飞并且鸵鸟确实是鸟,则并非所有的鸟都会飞。

例 2

我们都是瞎子。吝啬的人是瞎子,他只看见金子看不见财富。挥霍的人是瞎子,他只看见开端看不见结局。卖弄风情的女人是瞎子,她看不见自己脸上的皱纹。有学问的人是瞎子,他看不见自己的无知。诚实的人是瞎子,他看不见坏蛋。坏蛋是瞎子,他看不见上帝。上帝也是瞎子,他在创造世界的时候,没有看到魔鬼也跟着混进来了。我也是瞎子,我只知道说啊说啊,没有看到你们全都是聋子。

一般来说,推理的前提陈述在前,结论陈述在后。但也不尽然,有些推理完全可能把结论陈述在前,例 2 是一个归纳推理,它的第一句话就是该推理的结论。又如:

例3

你必须学会使用电脑并经常上网。因为如果你不想成为落伍的人,你就必须学会使用电脑并经常上网;而据我所知,你根本不想成为落伍的人。

例3中第一句话也是它所表达的推理的结论。

一般而言,可以根据一些语言标记去识别推理的前提和结论。例如,跟在"因为""由于""假设""如果""鉴于""由……可以推出""正如……所表明的"等词语之后或占据省略号位置的句子是前提,而跟在"因此""所以""那么""于是""由此可见""由此推出""这表明""这证明"等词语之后的是结论。由于构成推理的各句子之间存在意义关联,有时候人们可以省略这些语言标记,而专门靠句子之间的意义关联去区分前提和结论。例如,"他是一位孤寡老人,我们应该好好照顾他",这个句子所表达的并不是并列关系,而是由意义关联所体现的推理关系,其中第一句话是前提,第二句话是结论。

推理通常分为演绎推理和归纳推理。演绎推理一般被说成是从一般到个别的推理,即根据某种一般性原理和个别性例证,得出关于该个别性例证的新结论。归纳推理则被说成是从个别到一般的推理,即从一定数量的个别性事实,抽象、概括出某种一般性原理。但更精确的说法是:演绎推理是必然性推理,即前提真能够确保结论真;归纳推理是或然性推理,前提只对结论提供一定的支持关系,前提真结论不一定真。上面说到的例1、例3是演绎推理,例

2 是归纳推理。以演绎推理为研究对象的逻辑理论,叫做"**演绎逻辑**"。以归纳推理为研究对象的逻辑理论,叫做"**归纳逻辑**"。

论证是用某些理由去支持或反驳某个观点的过程或语言形式,通常由论题、论点、论据和论证方式构成。论点即论证者所主张并且在论证过程中要加以证明的观点。论点本身可以成为论题,但论题还可以是论辩双方所讨论的对象,例如"是否应该用法律的形式禁止婚外恋?"。论据是论证者用来支持或反驳某个论点的理由,它们可以是某种公认的一般性原理,也可以是某个事实性断言。论证要使用推理,甚至可以说就是推理:一个简单的论证就是一个推理,它的论据相当于推理的前提,论点相当于推理的结论,从论据导出论点的过程(即论证方式)相当于推理形式。一个复杂的论证则是由一连串相同或者不同的推理所构成的,只不过其中的推理过程和形式可能错综复杂。正是在这一意义上,常常把论证和推理同等看待。不过,推理和论证之间还是有一个区别:推理并不要求前提真,假命题之间完全可以进行合乎逻辑的推理,例如:"所有的金子都不是闪光的,所以,所有闪光的东西都不是金子。"但论证却要求论据必须真实,以假命题作论据不能证明任何东西,故"巧克力不是可以吃的,石头是巧克力,所以,石头不是可以吃的"这个推理并不构成对"石头不是可以吃的"这个命题的一个证明,但下面的推理却构成对"中国不能再落后"的一个证明:"如果谁落后,谁就会挨打。中国不想再挨打,所以,中国不能再落后。"

欧洲中世纪教会学校通常会传授七门基本课程,史称"七艺":文法、修辞、逻辑、算术、几何、天文和音乐(有时候排列顺序不同)。在这幅文艺复兴时期的绘画中,毕达哥拉斯凭借数学处于七艺的最高层,亚里士多德手持一本书位于第一层,因为按某种说法,逻辑属于"七艺"中的第一艺。

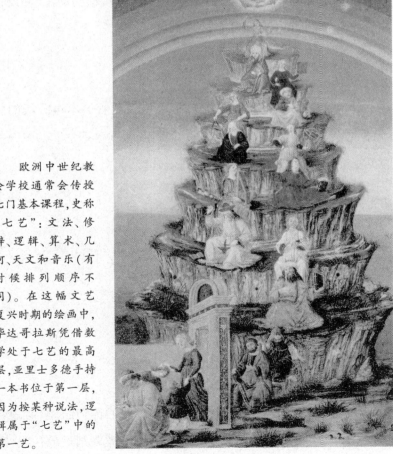

2　命题分析和逻辑类型

推理是由命题组成的,推理的前提和结论单独看来都是一个个命题。于是,对命题的不同分析就会导致对推理结构的不同分析,并最终导致不同的逻辑类型。

复合命题和命题逻辑

对命题的第一种分析方法是:把单个命题看做不再分析的整体,称为"简单命题"或"原子命题",通过一些连接词把它们组合成为更复杂的命题。在日常语言中,这类连接词有:

(1) 并且,然后,不但……而且……,虽然……但是……,既不……也不……;

(2) 或者……或者……,也许……也许……,要么……要么……;

(3) 如果……那么……,只要……就……,一旦……就……,只有……才……,不……就不……,……除非……;

(4) 当且仅当,如果……那么……并且只有……才……;

(5) 并非,并不是……

如此等等。因为它们连接的是命题,故我们称它们为"命题联结词"。为简单起见,我们用"并且"作为第一类联结词的代表,用

"或者"作为第二类联结词的代表,用"如果,则"作为第三类联结词的代表,用"当且仅当"作为第四类联结词的代表,用"并非"作为第五类联结词的代表。通过这些联结词,我们可以由一个个命题,如"樱桃红了""芭蕉绿了",组合成为更复杂的命题。例如:

樱桃红了并且芭蕉绿了。

樱桃红了或者芭蕉绿了。

如果樱桃红了,那么芭蕉绿了。

只有樱桃红了,芭蕉才绿了。

樱桃红了,当且仅当,芭蕉绿了。

并非樱桃红了。

第一类联结词叫做"联言联结词",由它们形成的命题叫做"**联言命题**";第二类联结词叫做"选言联结词",由它们形成的命题叫做"**选言命题**";第三、第四和第五类联结词叫做"**条件联结词**",由它们形成的命题叫做"**条件命题**"("假言命题"),其中表示条件的命题叫做"前件",表示结果的命题叫做"后件";第六类联结词叫做"否定词",由它们形成的命题叫做"**负命题**"。这些命题统称为"**复合命题**",其中的原子命题或简单命题称为"**支命题**"。

上面所用作例子的两个命题"樱桃红了"和"芭蕉绿了",实际上可以换成任一命题。为了表示这种一般性,我们引入命题变项即小写字母 p, q, r, s, t 等来表示任一命题,用符号"$\wedge$""$\vee$""$\rightarrow$"

"↔""¬"来依次表示"并且""或者""如果,则""当且仅当""并非"这五个联结词,于是得到下述公式:

p∧q; p∨q; p→q; p↔q;¬p

它们分别是"联言命题""选言命题""充分条件假言命题""充分必要条件假言命题"("等值命题")和"负命题"的一般形式。

任何一个推理都可以表示为一个"如果前提(成立),那么结论(成立)"的条件命题,只要用"并且"把它的前提(如果有多个前提的话)连接成为一个联言命题,作为该条件命题的前件;把它的结论作为该条件命题的后件。有一类推理以复合命题作前提或结论,叫做"复合命题推理",例如前面谈到的例1就是如此。用相应的符号表示,例1的形式结构是:

如果 p 并且 q,则 r
―――――――――――――――
所以,如果非 r 并且 p,那么非 p

例 4

法制的健全或者执政者强有力的社会控制能力,是维持一个国家社会稳定的必不可少的条件。Y 国社会稳定但法制尚不健全,因此,Y 国的执政者具有强有力的社会控制能力。

以下哪项论证方式,与题干的最为类似?

A. 一个影视作品,要想有高的收视率或票房价值,作品本身的质量和必要的包装宣传缺一不可;电影《青楼月》上映以来票房价值不佳但实际上质量堪称上乘,因此,看来它缺少必要的广告宣传和媒体炒作。

B. 必须有超常业绩或者30年以上服务于本公司的雇员,才有资格获得X公司本年度的特殊津贴。黄先生获得了本年度的特殊津贴但在本公司仅供职5年,因此他一定有超常业绩。

C. 如果既经营无方又铺张浪费,则一个企业将严重亏损。Z公司虽经营无方但并没有严重亏损,这说明它至少没有铺张浪费。

D. 一个罪犯要实施犯罪,必须既有作案动机,又有作案时间。在某案中,W先生有作案动机但无作案时间,因此,W先生不是该案的作案者。

E. 一个论证不能成立,当且仅当,或者它的论据虚假,或者它的推理错误。J女士在科学年会上关于她的发现之科学价值的论证尽管逻辑严密,推理无误,但还是被认定不能成立,因此,她的论证中至少有部分论据虚假。

解析 经过整理,题干中的推理具有这样的结构:

只有 p 或者 q,才 r

r 并且非 p
_____
所以,q

而选项 A 的结构是:只有 p 且 q,才 r;非 r 且 p,所以,非 q。C 的结构是:如果 p 且 q,则 r;p 且非 r,所以非 q。D 的结构是:只有 p 且 q,才 r;p 并且非 q,所以,非 r。E 的结构是:非 p,当且仅当,q 或者 r;非 r 并且非 p,所以 q。若仔细比较,就会发现选项 B 与题干中的推理具有相同的结构,其他四个都不具有,所以答案是 B。

以复合命题为对象,研究它们各自的逻辑性质及其相互之间的逻辑关系,所得到的逻辑理论叫做"**命题逻辑**"。由于联结词决定着相应的复合命题的逻辑性质,因此以复合命题为对象的命题逻辑,实际上是"**联结词的逻辑**"。

直言命题和词项逻辑

对命题的另一种分析方法是:对一个简单命题作主谓式分析,即把它拆分为不同的构成要素:**主项**、**谓项**、**联项**和**量项**。如果主项是普遍词项,则用大写字母 S 表示;如果主项是单称词项,则用小写字母 a 来表示。单称词项包括专名和摹状词,它们都指称一个特定的对象。所谓专名,即专有名词,如"孔子""黄河""《红楼梦》""西安事变"等;摹状词是通过摹写对象的唯一性特征来指称某个对象的短语,如"世界最高峰""那位于 1976 年 9 月 9 日去世的著名中国领袖"。谓项始终用大写字母 P 表示。主项和谓项合称"词项",S、P 称为"词项变项"。联项包括"是"和"不是"。量项包括"所有""有些",并且"有些"在这里是弱意义上的"有些",表示"至少有些,至多全部";而不代表强意义上的"有些",即表示"仅仅有些"。由此得到如下形式的命题:

所有 S 都是 P;

所有 S 都不是 P;

有些 S 是 P;

有些 S 不是 P；

a(或某个 S)是 P；

a(或某个 S)不是 P。

这种形式的命题叫做"**直言命题**"，由于它们断定了某种对象(S)具有或者不具有某种性质(P)，因此又叫做"**性质命题**"。例如，"所有的花朵都是美丽可爱的"就是一个直言命题，其中"花朵"是主项，"美丽可爱的"是谓项，"是"是联项，"所有……都"是量项。以直言命题作前提和结论的推理叫做"**直言命题推理**"，后者的形式结构取决于其中的直言命题的形式结构。

上一节谈到的例 2 是归纳推理，它的形式结构可以表示为：

S_1 是 P

S_2 是 P

S_3 是 P

⋮

S_n 是 P

所以，所有 S 都是 P。

例 5

黄铜不是金子，黄铜是闪光的，所以，有些闪光的东西不是金子。

以下哪个推理具有与上述推理最为类似的结构？

A. 凡是你没有失去的东西你仍然具有，你没有失去角，所以，你有角。

B. 坏人都攻击我,你攻击我,所以,你是坏人。

C. 四川人爱吃麻辣烫,四川人不是好惹的,因此,有些爱吃麻辣烫的人不是好惹的。

D. 金属都是导电的,植物纤维不导电,所以,植物纤维不是金属。

E. 有些自然物品具有审美价值,所有的艺术品都有审美价值,因此,有些自然物品也是艺术品。

解析 题干中推理的结构是:

(所有)M 不是 P

(所有)M 都是 S

―――――――――

所以,有些 S 不是 P

先说一下,在三段论中,单称命题作为全称命题的特例处理。选项 A 经整理后,其结构是:所有 M 都是 P,(所有)S 是 M,所以,(所有)S 是 P。B 的结构是:所有 P 都是 M,(所有)S 是 M,所以,(所有)S 是 P。D 的结构是:所有 P 都是 M,(所有)S 都不是 M,所以,(所有)S 都不是 P。调整两个前提的先后顺序后,E 的结构是:所有 P 是 M,有些 S 是 M,所以,有些 S 是 P。显然,这四个选项的结构与题干的结构都不相同。若仔细比较一下,当调整选项 C 中大小前提的顺序后,C 的结构与题干的结构完全相同。所以,正确答案是 C。

直言命题由不同的词项(主项和谓项)组成。因此,研究这种直言命题的逻辑性质及其推理关系,所得到的逻辑理论叫做"**词项逻辑**"。

二　信仰是否需要得到理性的辩护和支持？ | 061

在历史上，古希腊学校最先允许学生独立思考，进行探讨、争论和批评，而不是在老师面前亦步亦趋。知识由此得到了最为迅速的传播。人们认识到，批评和争论能够促成知识的生长。

个体词、谓词和量化逻辑

对命题的第三种分析方法是:把一个简单命题分析为**个体词**、**谓词**、**量词**和**联结词**等构成成分。

个体词包括**个体常项**和**个体变项**,它们究竟指称什么样的对象取决于论域,即由具有某种性质的对象所组成的类。个体常项仅限于专名,在逻辑中用小写字母 a,b,c 等表示,经过解释之后,它们分别指称论域中的某个特定的对象,随论域的不同,这些对象可以是 0,1,长江,长城,毛泽东等。个体变项 x,y,z 等表示论域中不确定的个体,随论域的不同它们的值也有所不同。例如,如果论域是全域,个体变项 x 就表示全域中的某个东西;如果论域是"人的集合",则个体变项 x 就表示某个人;如果论域是"自然数的集合",则个体变项 x 就表示某个自然数。

谓词符号包括大写字母 F,G,R,S 等,经过解释之后,它们表示论域中个体的性质和个体之间的关系。一个谓词符号后面跟有写在一对括号内的适当数目的个体词,就形成最基本的公式,叫做"原子公式",例如 F(x),G(a),R(x,y),S(x,a,y)。如果一个谓词符号后面跟有一个个体常项或个体变项,则它是一个一元谓词符号。一元谓词符号经过解释之后,表示论域中个体的性质。如果一个谓词符号后面跟有两个个体词,则它是一个二元谓词符号。依此类推,后面跟有 n 个个体词的谓词符号,就是 n 元谓词符号。二元以上的谓词符号,经过解释之后,表示论域中个体之间的关系。例如,若以自然数为论域,令 a 为自然数 1,R 表示"大于",S 表示"…+…=…",于是,R(x,y)等于是说"x 大于 y",S(x,a,y)等于说"x+1=y"。

量词包括**全称量词**∀和**存在量词**∃,它们可以加在如上所述的原子公式前面。"∀xF(x)"读做"对于所有的 x,x 是 F","∃xR(x,y)"读做"存在 x 使得 x 与 y 有 R 关系"。前面带量词的公式叫做**"量化公式"**,例如∀xF(x),∃xR(x,y)。原子公式和量化公式都可以用命题联结词连接起来,形成更复杂的公式,例如∀xF(x)∧G(a),∃x[F(x)∨R(x,y)],S(x,a,y)→∀x[¬F(x)↔S(x,a,y)]。

对命题进行上述这样的分析后,不仅可以表示和处理性质命题(直言命题)及其推理,而且可以表示和处理关系命题及其推理。例如,直言命题"所有 S 都是 P"可以表示为:

∀x[S(x)→P(x)]

而"有的投票人赞成所有的候选人"则可以表示为:

∃x[F(x)∧∀y(G(y)→R(x,y)]

把一个简单命题分析为个体词、谓词、量词和联结词等成分,研究经如此分析后的命题形式及其相互之间的推理关系,所得到的逻辑理论叫做"**谓词逻辑**",或者"量化逻辑"。

命题逻辑、词项逻辑和谓词逻辑是演绎逻辑的三种最基本的逻辑类型。以这三种逻辑中的某一种为基础,对它们进行扩充,即加进一些特殊的东西,由此形成的一类逻辑叫做"**扩充逻辑**"。如果不同意这三种逻辑中的某一种,改变它们的某些基本预设或假定,由此形成的逻辑理论叫做"**变异逻辑**"。

如前所述,除了以演绎推理为对象的演绎逻辑外,还有以归纳推理为对象的归纳逻辑。把归纳推理中前提对结论的关系概率化和演算化,由此形成的逻辑理论叫做"概率归纳逻辑",这是现代归纳逻辑的主要形态。

推理的形式结构

"**推理的形式结构**"简称"推理形式",是指在一个推理中抽掉各个命题的具体内容之后所保留下来的那个模式或框架,或者说,是多个推理中表达不同思维内容的各个命题之间所共同具有的联系方式,由**逻辑常项**(如命题联结词"或者""并且""如果,则""当且仅当"和"并非",直言命题中的系词"是"和"不是",量词"所有"和"有些"等)和**逻辑变项**(如命题变项 p, q, r, s, t,词项变项 S、P、M,个体变项 x, y, z 等)构成。其中,逻辑常项代表推理中的结构要素,常项的不同决定了推理形式的不同;变项代表推理中的内容要素,用不同的具体命题替换相同的命题变项,用不同的具体词项替换相同的词项变项,用不同的具体谓词替换相同的谓词变项,就会得到不同的具体推理。例如,对推理形式

如果 p 那么 q

p

―――――――――

所以,q

中的命题变项 p、q 做不同的代入,可得到下面两个不同的推理:

例 6

如果宋强感冒,则宋强会发烧;
宋强确实感冒了,
―――――――――――――――
所以,宋强会发烧。

例 7

如果天下雨则地湿;
天确实在下雨,
―――――――――――――
所以,地会湿。

在国内 MBA 逻辑考试中,有一类"相似比较型"考题,它要求比较几个不同推理在结构上的相同或者不同,这要通过抽象出(至少是识别出)它们共同的形式结构来实现,即用命题变项表示其中的单个命题,或用词项变项表示直言命题中的具体词项,每一个推理中相同的命题或词项用相同的变项表示,不同的命题或词项用不同的变项表示。例如:

例 8

如果学校的财务部门没有人上班,我们的支票就不能入账;我们的支票不能入账。因此,学校的财务部门没有人上班。

请在下列各项中选出与上句的推理结构最为相似的一句:

A. 如果太阳神队主场是在雨中与对手激战,就一定会赢。现在太阳神队主场输了,看来一定不是在雨中进行的比赛。

B. 如果太阳晒得厉害,李明就不会去游泳。今天太阳晒得果然厉害,因此可以断定,李明一定没有去游泳。

C. 所有的学生都可以参加这一次的决赛,除非没有通过资格赛的测试。这个学生不能参加决赛,因此他一定没有通过资格赛的测试。

D. 倘若是妈妈做的菜,菜里面就一定会放红辣椒。菜里面果然有红辣椒,看来,是妈妈做的菜。

E. 如果没有特别的原因,公司一般不批准职员们的事假申请。公司批准了职员陈小鹏的事假申请,看来其中一定有一些特别的原因。

解析 题干的推理结构是:

如果 p,那么 q

q
_____

所以,p。

而 A 项的结构是:如果 p,那么 q;非 q,因此非 p。B 项的结构是:如果 p,那么 q;p,因此 q。C 项的结构是:p,除非 q;非 p,因此非 q。D 项的结构是:如果 p,那么 q;q,因此 p。E 项的结构是:如果 p,那么 q;非 q,因此非 p。显然,D 项和题干具有相同的结构。所以,正确答案是 D。

《自由》，埃舍尔

在这张画中，嵌在一起的三角形由下而上逐渐获得自由，成为在天空中飞翔的鸟。上面的飞鸟和下面的三角形迥然有别，如同对命题真值的经典理解：真假二值对比分明；命题非真即假，非假即真。但在实践生活中，人们也在使用"半真半假""某种程度上真"这类模糊的词语。那么，命题的真假可否具有不同的程度，如同中间的色块那样既像三角形又像飞鸟？能不能这个命题绝对真，那个命题虽然不是绝对假，但是比这个命题稍微假一些？

3　由前提"安全地"过渡到结论

推理形式的有效性,亦称"保真性",指一个推理必须确保从真的前提推出真的结论。尽管从假的前提出发也能进行合乎逻辑的推理,其结论可能是真的,也可能是假的;但如果从真前提出发进行有效推理,就只能得到真结论,不能得到假结论。只有这样,才能保证使用这种推理工具的安全性。对于正确推理来说,这种保真性是最起码的要求。我们把具有保真性的推理,叫做"有效推理"。可以这样来考察一个直言命题推理,比如说 M 的有效性。先用相应的变项来置换 M 中除逻辑常项之外的其他一切词项,由此得到一个推理形式 M′,然后对 M′中的变项作不同的解释,看能否得到 M′的一个特例有真前提和假结论。如果 M′的一个特例 N 有真前提和假结论,这就说明 M′不能保证从真前提只得到真结论,因此 M′不是一个有效的推理形式,相应地 M 也不是一个有效的推理。

例 9

所有巧克力都是可以吃的,
所有石头都不是巧克力,
―――――――――――――
所以,所有石头都不是可以吃的。

从中我们可以抽象出一个推理形式:

例 9′

所有 M 都是 P,
所有 S 都不是 M,
——————————
所以,所有 S 都不是 P。

我们仍用"巧克力"代入 M,用"可以吃的"代入 P,但改用"烤鸭"代入 S,由此得到:

例 10

所有巧克力都是可以吃的,
所有烤鸭都不是巧克力,
——————————————
所以,所有烤鸭都不是可以吃的。

显然,这个推理有真前提假结论,因此例 9′不是一个有效的推理形式,例 9 本身也不是一个有效推理,尽管它有真前提和真结论。

有许多推理或论证尽管不是有效的,即前提的真不能确保结论的真,但前提却对结论提供一定程度的支持,或者前提对结论构成一定程度的反驳。在前一情形下,前提真与结论真构成正相关,前提是结论的证据;在后一情形下,前提真与结论真构成负相关,前提是结论的反例。可以用概率论做工具,使这种支持或反驳关系得到精确的量的刻画。证据支持度为 100% 是指:如果前提真,则结论必然真,这样的推理是一个形式有效的演绎推理;证据支持度为 50% 是指:如果前提真,则结论为真为假的可能性参半。依此类推,一个推理的证据支持度越高,则在前提真实的条件下,推出的结论可靠性越大。一个证据支持度小于 100%、但大于 50% 的推理或论证仍然是合理的,并且被广泛而经常地使用。

在国内 MBA 逻辑考试中,围绕前提和结论之间的支持或反驳关系,设计了多种形式的考题,主要有加强前提型和削弱结论型,具体问题则有:"以下哪项如果为真,最能支持题干中的观点?""以下哪项如果为真,最能削弱题干中的结论?",等等。

例 11

在司法审判中,所谓肯定性误判是指把无罪者判为有罪,否定性误判是指把有罪者判为无罪。肯定性误判就是所谓的错判,否定性误判就是所谓的错放。而司法公正的根本原则是"不放过一个坏人,不冤枉一个好人"。

某法学家认为,目前,衡量一个法院在办案中对司法公正的原则贯彻得是否足够好,就看它的肯定性误判率是否足够低。

以下哪项如果为真,能最有力地支持上述法学家的观点?

A. 错放,只是放过了坏人;错判,则是既放过了坏人,又冤枉了好人。

B. 宁可错判,不可错放,是"左"的思想在司法界的反映。

C. 错放造成的损失,大多是可弥补的;错判对被害人造成的伤害,是不可弥补的。

D. 各个法院的办案正确率普遍有明显的提高。

E. 各个法院的否定性误判率基本相同。

解析 根据题干,公正司法既不允许错判(肯定性误判),也不允许错放(否定性误判),因此,要考察某个法院的司法公正原则究竟是否贯彻得足够好，就要同时考察该法院的错判率和错放率，二者缺一不可。如果选项 E 为真，即目前各个法院的错放率基本相同，那么，目前衡量一个法院在办案中对司法公正的原则贯彻得是否足够好，就只能看它的肯定性误判率是否足够低，于是法学家的看似片面的观点就得到了有力支持。其他各项都不足以使题干中法学家的观点成立。其中选项 D 与法学家的观点不相干；选项 B 与它有所关联，但也不构成直接的支持关系；选项 A 和 C 对法学家的观点有所支持，但它们断定的只是：就错判和错放二者对司法公正的危害而言，前者比后者更严重，但由此显然得不出法学家的结论。因此，正确答案是 E。

一个推理或论证要得出真实的结论。必须满足两个条件：一是前提真实；二是推理形式有效。于是，要反驳或削弱某个结论，通常有这样几条途径：一是直接反驳结论，其途径有：举出与该结论相反的一些事实（举反例），或从真实的原理出发构造一个推理或论证，以推出该结论的否定；二是反驳论据，即反驳推出该结论的理由和根据，指出它们的虚假性；三是指出该推理或论证不合逻辑，即从前提到结论的过渡是不合法的，违反逻辑规则。在这三种反驳方式中，直接反驳结论是最强的，而驳倒了对方的论据和论证方式，并不等于驳倒了对方的结论。因为对方完全可以更换论据或论证方式去重新论证该结论。无论如何，如果这后两种情形成立，对方结论的真至少是没有保证的，从而被削弱。

例 12

在美国,实行死刑的州,其犯罪率要比不实行死刑的州低,因此,死刑能够减少犯罪。

以下哪项如果为真,最可能质疑上述推断?

A. 犯罪的少年,较之守法的少年更多出自无父亲的家庭。因此,失去了父亲能够引发少年犯罪。

B. 美国的法律规定了在犯罪地起诉并按其法律裁决,许多罪犯因此经常流窜犯罪。

C. 在最近几年,美国民间呼吁废除死刑的力量在不断减弱,一些政治人物也已经不再像过去那样在竞选中承诺废除死刑了。

D. 经过长期的跟踪研究发现,监禁在某种程度上成为酝酿进一步犯罪的温室。

E. 调查结果表明:犯罪分子在犯罪时多数都曾经想过自己的行为可能会受到死刑或常年监禁的惩罚。

解析 选项 A、C、D、E 或者与题干结论无关,或者不构成对该结论的质疑。但是,如果 B 项真,则可以认为许多罪犯为躲避死刑的风险,宁愿采取流窜作案的方式,选择不实行死刑的州作案。这样,虽然实行死刑的州犯罪率因此下降,但全美国的犯罪率并没有下降,所以不能由此得出死刑能够减少犯罪的结论。正确答案是 B。

《虚与实》，Peter Callesen，纸雕

"虚"与"实"之间需要连接，推理的前提和结论之间也需要"桥梁"，这个桥梁就是推理形式。有些推理形式能够确保从前提"安全地"达到结论，有些推理形式则不能这样。逻辑学的主要任务就是要提供区分这两种不同的推理形式的原理、程序、方法和规则，等等。

例 13

以下诸项结论都是根据1998年度西单飞舟商厦各个职能部收到的雇员报销单据综合得出的。在此项综合统计做出后,有的职能部门又收到了雇员补交上来的报销单据。

以下哪项结论不可能被补交报销单据这一新的事实所推翻?

A. 超级市场部仅有14个雇员交了报销单据,报销了至少8700元。

B. 公关部最多只有3个雇员交了报销单据,总额不多于2600元。

C. 后勤部至少有8个雇员交了报销单据,报销总额为5234元。

D. 会计部至少有4个雇员交了报销单据,报销了至少2500元。

E. 总经理事务部至少有7个雇员交了报销单据,报销额不比后勤部多。

解析　正确的答案是D,因为它只设定了下限(至少有4个雇员,报销了至少2500元),而没有设定任何上限,于是它不可能被任何新的报销活动所否定。其他各个选项都至少设定了一个上限,因而可以被新的报销行为所推翻或否定。

4 日常思维中的推理和论证

被省略的前提和假定

在人们的日常思维和交往中,推理、论证是用来交流思想的,而交流总是在具体的个人、具体的语言环境中进行的;交际双方的大脑并不是一块白板,而是承载了大量信息,其中许多信息是交际双方所共有的,或至少是其中一方以为另一方知道的,故在交际过程中没有明确说出。由此,推理表现为省略形式:本来是"A 和 C 一起推出 B",由于 C 属于(或以为属于)共同的背景知识,故被省略。但这种省略也有可能造成这样的问题:一是被省略或被假定的东西本身可能不是真的;二是这种省略推理中可能暗含着推理方面的逻辑错误。因此,常常有必要把这些被省略的前提、假定、预设补充到推理过程中来,以便考察它们的真实性以及推理过程的有效性。在做这种补充时,往往存在多种不同的选择,这时应该坚持"宽容原则",即尽可能地把推理者设想为一个正常的、有理性的人,除非故意,他一般不会使用虚假的前提,一般不会进行无效的推理。在做了这些工作之后,再来看被省略的前提是否真实,推理过程是否正确,即对推理者的推理进行评价。

例 14

考古学家发现的证据表明,甚至在旧石器时代,人类便存在着灵魂不死的信念。在靠近古代部落附近的墓地遗址发现的像衣服、工具和武器这样的随葬品,就是有关灵魂不死信念的最早证据。

以下哪一项是上述论证所依赖的假设?

A. 部落附近墓地的布局表明了对死者尊敬与怀念的感情;

B. 灵魂不死的信念是大部分宗教信仰的核心;

C. 只有人们相信灵魂不死,才会随葬衣服、工具、武器这类物品,以便供死者死后的灵魂享用。

D. 如果在墓地附近没有发现随葬品,就证明那时人们还没有灵魂不死的信念;

E. 在墓地遗址所发现的衣服、工具和武器,其年代距今并不特别遥远。

解析 如果补充 C 作为大前提,以考古发现作为小前提,就可以通过必要条件假言推理的肯定后件式

只有 p 才 q

q
——————
所以,p

必然得出题干中的结论:"甚至在旧石器时代,人类便存在着灵魂不死的信念"。而增加其他选项都得不出这样的结论。正确答案是 C。

例 15

交通部科研所最近研制了一种自动照相机,它对速度有敏锐的反应,只要(并且只有)违规超速汽车经过镜头时,它就自动按下快

门。在某条单向行驶的公路上,在一个小时内,这样一架照相机摄下了 50 辆超速汽车的照片。在这条公路前方,距这架照相机约 1 公里处,一批交通警察于隐蔽处正在进行目测超速汽车的能力测试。在这同一个小时内,某个警察测定,共有 25 辆汽车超速通过。由于经过那架自动照相机的汽车一定经过目测处,可以推定,该警察对超速汽车的目测准确率不高于 50%。

要使题干的推断成立,以下哪项是必须假设的?

A. 在该警察测定为超速的汽车中,包括在照相机处不超速而到目测处超速的汽车。

B. 在上述一个小时中,在照相机前超速的汽车,都一定超速通过目测处。

C. 在上述一个小时中,在照相机前不超速的汽车,到目测处不会超速。

D. 在该警察测定为超速的汽车中,包括在照相机处超速而到目测处不超速的汽车。

E. 在上述一个小时中,通过目测处的非超速汽车一定超过 25 辆。

解析 B 项是题干的推断所必须假设的。只有当在照相机拍摄处和警察目测处通过的超速汽车至少一样多(选项 B),并且照相机所拍摄下来的数目是准确的(题干中所隐含)情况下,才能由"该警察所目测到的超速汽车的数目大大低于照相机所拍摄到的数目",得出"该警察对超速汽车的目测准确率不高于 50%"的结论。

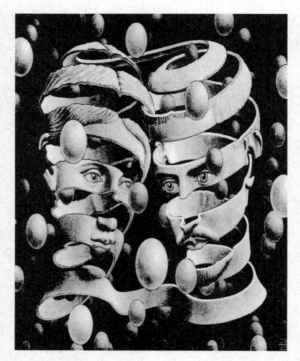

《头像》，埃舍尔

　　这幅图描绘的是两个头像。但实际上并不是头像，它们由旋转着的带子形成，人眼所看到的至多是片段，而非完整的头像。之所以认为这是头像，是因为大脑自有一套机制对所接受的信号加工，自动地把缺失的部分补全。这种机制在心理学中被称为"格式塔"。

　　人对命题的理解过程也存在着类似的加工。实际上很少有绝对意义上的、完整的、真值永久确定的命题（除去那些明显地为真或为假的）。例如经验命题中，"雪是白的"从字面上看并不完整，需要补充"在某些物理定律生效的世界中、在某些特定的条件下"等等缺失的部分；又如数学命题"过直线外一点只存在一条与之平行的直线"需要补充"在欧氏几何中"等等。由于格式塔机制的存在，人们在交流时并不需要明说，而是潜在地自动补充缺失的部分。即使字面上看，所表达的命题不完整，但它们能胜任交流活动就足够了。

否则,如果在照相机前超速的汽车,到目测处并不超速,则通过目测处的超速汽车就可能少于 50 辆,则上述警察的目测准确率就可能高于 50%。所以答案是 B。

语义预设和语用预设

预设分为语义预设和语用预设。不太严格地说,**语义预设**是一个命题及其否定都要假定的东西,是一个命题能够为真或为假的前提条件。它包括:

(1) 存在预设,例如:

① 中国的第一位诺贝尔奖获得者是女性。

② 中国的第一位诺贝尔奖获得者不是女性。

都预设了"存在着中国的第一位诺贝尔奖获得者"。如果不预先假定这一点,这两个语句都是无意义的。

(2) 事实预设,例如:

① 包公铁面无私使贪官污吏心惊胆战。

② 包公铁面无私并没有使贪官污吏心惊胆战。

都预设了一个事实:"包公铁面无私"。

语用预设。

如果只有当命题 B 为交谈双方所共知时,话语 A 才是恰当的,则 A 在语用上预设 B。**语用预设**有这样一些特征:

① 共知性,即预设必须是交际双方或一般人所共知的讯息,或者是说话人暗示出来、能够被听话人所理解的讯息。考虑两个同学

之间在图书馆的对话:"甲:借到了吗?""乙:没借到。"显然,这里预设了某本书的存在。此时若有第三个人在场,而他又不知道该预设的话,可能会问:"什么没借到?"

② 可取消性,指特定的预设在一定条件下能够被取消。例如,"小张的妻子很漂亮",明显预设"小张有妻子"。但如果说"小张的妻子很漂亮,只可惜前几天跟他离婚了",原先的预设就被取消了。语用预设决定某句话语是否恰当。例如,"请关门!"这道命令,只有当那扇门开着,听话人能够辨认出那扇门,并有条件把它关上时,才是恰当的。

如果用 S 代表一个特定的语句,非 S 表示它的否定形式,T 表示它的预设,则我们可以这样一般性地定义预设:

S 预设 T,当且仅当,若 S 真则 T 真,并且,若非 S 真 T 也真。

但是,如果 T 假,则 S 和非 S 都无意义。例如,

① 所有的鬼都是青面獠牙的。

② 有些鬼不是青面獠牙的。

这两个互相否定的句子都预设了"有鬼"。如果无鬼,则关于鬼的任何谈论都没有真假方面的意义。普通的逻辑理论只考虑真、假两个值,通常称为"二值逻辑";而**预设逻辑**则要考虑真、假和无意义三个值,因此它是**三值逻辑**。

预设除在命题、陈述中出现外,也出现在问句中。例如,

③ 你已经停止打你的老婆了吗?

就预设了一个事实:听话人经常打自己的老婆。一个有虚假预设的

问句叫做"复杂问语",无论对它作肯定的还是否定的回答,都接受了那个预设,因此,回答此类问题的最好方法是指出其中那个预设为假。例如,一般人回答问题③的正确说法是:我根本没有打过老婆,何谈停止不停止。

回答问题的另一个办法是回避,即重复该问句的预设。

例 16

三国时,大将军钟会去看望当时的名士嵇康。嵇康光着身子正在打铁,不理会钟会。当钟会看了一会儿正要离开时,嵇康问道:"何所闻而来?何所见而去?"钟会答道:"闻所闻而来,见所见而去。"

解析 钟会的回答只是重复了嵇康问话中的预设,没有新的内容。但它是一个很有意思的回答,所以流传下来了。在外交场合和礼仪场合,对于不便回答或不好回答的问题,就可以采取回避的手法,它比单纯的拒绝显得更有礼貌和更有修养。

例 17

"赵科长又戒烟了。"从这句话中不可能得出的结论是:

A. 赵科长一直吸烟,且烟瘾很大。

B. 赵科长过去戒过烟,次数可能不止一次。

C. 赵科长过去戒烟都没有成功。

D. 赵科长这次戒烟很可能又不成功。

E. 赵科长这次戒烟一定能成功。

解析 题干"赵科长又戒烟了",在语义上或语用上预设了:

(1)赵科长吸烟;(2)赵科长过去戒过烟;(3)赵科长以往的戒烟没有成功。选项A、B、C、D或直接就是题干的预设,或是根据预设所作的推论,只有E与题干及其预设没有推出关系,因此正确答案是E。

不寻常的是埃舍尔这幅图所代表的空间。在这里无论你是往圆的边缘或是往圆心走去,由于空间的收缩,你永远也不可能到达目的地。如果居住在这里,我们的生活会是怎么样的呢?

《相互缠绕的蛇》,埃舍尔

上帝能够创造一块他自己举不起来的石头吗？

——命题逻辑

> 我们的推理是建立在两大原则之上的，一是矛盾原则，凭借这一原则，我们判定包含矛盾者为假，与假相对立或矛盾者为真；另一是充足理由原则，凭借这一原则，我们认为，任何一件事如果是真实的或实在的，任何一个陈述如果是真的，就应该有一个为什么是这样而不是那样的充足理由，虽然这些理由常常不能为我们所知道。
>
> ——莱布尼茨

莱布尼茨(Gottfried Wilhelm Leibniz, 1646—1716),德国哲学家,科学家,数理逻辑的创始人。其主要著作有:《形而上学谈话》《人类理智新论》《神正论》《单子论》等。他试图创立一种普遍的语言和普遍的数学,把所有的推理都化归于计算,让推理的错误都成为计算的错误,并为此付出了很多努力。

斯多亚派是由古希腊哲学家西蒂姆的芝诺(Zeno of Citium,约336—264)创立的。他在一个画廊(古希腊语发音为 stoa)里讲学,因此他的学派被称为"画廊学派"(stoa 学派)。该学派的第二个重要人物是克里西普(Chrisipus,约前 280—前 207),常常被称为古代最伟大的逻辑学家。他曾对其老师说:"给我定理,我自己会找到它的证明。"据说他写了 705 种著作,几乎涉及命题逻辑的所有方面,斯多亚派的逻辑理论主要是由他完成的。当时有一种说法,"如果天上有任何逻辑,那便是克里西普的逻辑。"后期斯多亚派几乎成为罗马帝国的"官方哲学"。总起来看,斯多亚学派从公元前 4 世纪一直延续到公元 6 世纪,活动时间长达千年,本身经历了早期、中期、晚期的变化,早期偏重于认识论和逻辑学,晚期偏重于社会伦理问题。在历史上,该学派几乎与柏拉图的雅典学园和亚里士多德的逍遥学派齐名。

斯多亚派的逻辑学包括论辩术和修辞学,前者是关于意义的科学,教授人们怎样用问答方式正确地论述观点和探讨问题,具体包括语言理论和认识理论;后者是关于语言表达的科学,教授人们怎样连续地正确讲话。该学派在逻辑史上的贡献是:他们把 lekton(意义)当做逻辑学研究的主题,提出了与亚里士多德完全不同的命题分类体系,即把命题首先分为原子命题和复合命题,并着重讨论了复合命题,对多数命题联结词给予了真值函项的解释,并发现了联结词之间的可互定义性。例如,关于联结词"如果,那么"的意义,他们就给出了四种不同的解释,分别相当于现代数理逻辑中的"实质蕴涵""形式蕴涵""严格蕴涵"和"麦柯尔蕴涵"。他们明确陈述了五个非证明推论为公理,给出了四个元逻辑规则,并在此基础上证明了"难以计数的"定理,从而构造了一个初步自足的公理化的命题逻辑推论系统。所以,有的论者说:"命题逻辑的第一个系统的建立约在亚里士多德之后的半个世纪:它是斯多亚派的逻辑。"

不过,斯多亚派的早期和中期文献大部分散佚,保存下来的只是一些断简残片,因此,他们的逻辑学说在实际的历史进程中并未产生多大的影响。在布尔(G. Boole,1815—1864)、弗雷格(G. Frege,1848—1925)、罗素(B. Russell,1872—1970)等人创立数理逻辑意义上的命题逻辑之后,研究者们重新检阅史料,才发现了他们工作的价值和意义。

塞涅卡（约前4—前65），古罗马政治家、哲学家、悲剧作家、雄辩家，后期斯多亚派的代表性人物，也是罗马皇帝尼禄的老师。尼禄即位后，他成为尼禄的主要顾问之一，一段时间内曾参与罗马帝国的管理。失宠后他闭门谢客，潜心写作，但仍被控企图谋害尼禄而被判处死刑。

1 红了樱桃，绿了芭蕉：联言命题

"红了樱桃，绿了芭蕉"是一个**联言命题**，即断定几种事物情况同时存在的复合命题。联言命题的标准形式是"p 并且 q"，其中 p、q 称为联言支。在日常语言中，联言联结词有多种表述形式，例如，"和""然后""然而""不但，而且""虽然，但是"等，有时还被省略，例如"富贵不能淫，贫贱不能移，威武不能屈"。

一个联言命题是真的，当且仅当它的各个联言支都是真的。换句话说，只要有一个联言支是假的，联言命题就是假的。例如，联言命题"小张既高又胖"，只有在"小张高"和"小张胖"都真的情况才是真的,在其余情况下则是假的。

根据联言命题的这样一种性质,联言推理的有效式包括:

(1) 合成式:若分别肯定两个联言支,则可以肯定由这两个联言支组成的联言命题。其形式是:

$$\frac{p}{q}$$
所以,p 并且 q

例如,从"李白是生活在唐朝的伟大诗人"和"杜甫也是生活在唐朝的伟大诗人",可以推出"李白和杜甫都是生活在唐朝的伟大诗人"。

(2) 分解式:若肯定一个联言命题,则可以分别肯定其中的每一个联言支。其形式是:

$$\frac{p \text{ 并且 } q}{\text{所以},p}$$

或者

$$\frac{p \text{ 并且 } q}{\text{所以},q}$$

例如:"胡适是五四新文化运动主将,并且曾任北大校长;所以,胡适曾任北大校长。"

(3) 否定式:若否定一个联言支,则可以否定包含这个联言支的联言命题。其形式是:

并非 p

所以,并非(p 且 q)

例如:从"并非杜甫是一位著名的小说家",可以推出:"并非杜甫既是伟大的诗人又是著名的小说家。"

2 或为玉碎,或为瓦全:选言命题

"或为玉碎,或为瓦全"是一个**选言命题**,即断定几种事物情况至少有一种存在的复合命题,分为**相容选言命题**和**不相容选言命题**两类。一个选言命题究竟是相容的还是不相容的,没有专用的形式识别标记,只能看其中的各个选言支是否能够同时成立:能够同时成立的,是相容选言命题;不能同时成立的,是不相容选言命题。

相容选言命题的标准形式是"p 或者 q",其中 p、q 称为选言支。相容选言命题只有在选言支都假的情况下才假,在其余情况下则是真的。例如,选言命题"匿名捐款人或者是红霞或者是阳光"是相容的,它只有在"匿名捐款人是红霞"和"匿名捐款人是阳光"都假的情况下才是假的,在其余情况下则是真的。

根据相容选言命题的上述性质,相容选言推理的有效式包括:

(1)否定肯定式:若肯定一个相容选言命题并且否定其中的一个选言支,则必须肯定其中的另一个选言支。其形式是:

p 或者 q
非 p
――――――
所以, q

或者

p 或者 q
非 q
――――――
所以, p

例如:"红霞或者是江苏人或者是浙江人,红霞不是浙江人,所以,红霞是江苏人。"

(2) 肯定肯定式:由肯定一个选言支,则必须肯定包含这个选言支的任一选言命题。其形式是:

p
――――――
所以, p 或者 q

例如,从"克林顿是美国总统"出发,既可以推出"克林顿是美国总统或者卷心菜是蔬菜",也可以推出"克林顿是美国总统或者卷心菜不是蔬菜"。

但是,由于相容选言命题的各个选言支可以同时成立,所以相容选言推理的肯定否定式是错误的:

p 或者 q
p
――――――
所以,非 q

或者

p 或者 q
　　q
　　―――――
　　所以,非 p

例如,"凌丽或者是作家或者是教授,凌丽是作家,所以,凌丽不是教授。"这个推理是不成立的,因为凌丽完全可以兼有"作家"和"教授"这两个身份,此推理的第一个前提是相容选言命题,不能由肯定它的一个选言支就去否定它的另一个选言支。

不相容选言命题的标准形式是"要么 p,要么 q,二者必居其一",它仅仅在选言支 p 和 q 中有一个且只有一个为真时才为真,在其余情况下都是假的。例如,"要么中国队战胜日本队后进入足球世界杯决赛,要么日本队战胜中国队后进入足球世界杯决赛,二者必居其一",在"中国队战胜日本队后进入足球世界杯决赛"和"日本队战胜中国队后进入足球世界杯决赛"都假或都真的情况下,这个不相容选言命题是假的,在其余情况下它都是真的。

根据不相容选言命题的上述性质,不相容选言推理的有效式包括:

(1) 否定肯定式:若否定一个不相容选言命题的一个选言支,则必须肯定它的另一个选言支。其形式是:

　　要么 p,要么 q
　　非 p
　　―――――
　　所以,q

或者

要么 p,要么 q
非 q
―――――――――
所以,p

例如:"对于前进道路上的困难,或者战而胜之,或者被困难所吓倒。我们不能被前进道路上的困难所吓倒,所以,我们要战而胜之。"

(2)肯定否定式:若肯定一个不相容选言命题的一个选言支,则必须否定它的另一个选言支。其形式是:

要么 p,要么 q
p
―――――――――
所以,非 q

或者

要么 p,要么 q
q
―――――――――
所以,非 p

例如:"要么继续闭关锁国而落后挨打,要么实行改革开放而走向富强;我们必须实行改革开放而走向富强,所以,我们不能再继续闭关锁国而落后挨打。"再如:"要么为玉碎,要么为瓦全;宁为玉碎,所以,不为瓦全。"

此外,前面说到过的"由肯定一个选言支到肯定包含这个选言支的任一选言命题"的推理,对于不相容选言命题也成立。读者可以自己验证。

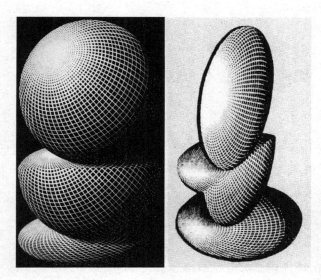

《三个球》,埃舍尔

从埃舍尔的图中,我们可以看到,三个球重叠在一起,最下面的那个由于不堪重负而被压扁,中间的球也被压得变了形;光线从左上角斜射下来,给这些球留下各自的影子。可是,真相是否如此?

右边那幅图向我们展示了实情。它们并不是三个球,而只是三块硬木片在表面漆上黑色的小块,然后再叠在一起以特定的角度向我们展现而已。然而认为它是三个叠着的球,或是三块叠着的木片,都能很好地解释左边这幅画。实情是前者或是后者,取决于我们的信念和需要。因为真实情况是什么并不重要,只要能很好地给出一个解释就够了。例如我们知道地球是圆的,可是在常人的一生中能有多少次机会需要用到这点知识?在日常生活中把它权宜看做是方的,有时候也许会方便很多。世界只有一个,可是对它的描述却可以有许多种,它们或许是等价的,或许是略有差异。至于孰优孰劣,"奥康剃刀"是这样表述的,"如非必要,勿增实体"。

在逻辑中有着许多系统,尽管它们的初始符号不同,公理也不同,却是等价的。弗雷格在《概念语言》一书中提出的系统有6条公理;希尔伯特—贝奈斯命题逻辑系统有15条公理;P系统是3条;而尼科德也建立了一套只有1条公理的演算。是采用15条公理或是1条公理,由实际使用的方便和个人喜好来决定。数学家们喜欢简洁,然而简洁的系统有时却更难理解。

3 锲而不舍,金石可镂:假言命题

"锲而不舍,金石可镂"是一个**假言命题**,亦称条件命题,即断定事物情况之间的条件关系的复合命题。由于条件关系分为三种:充分条件、必要条件和充分必要条件,相应地,假言命题也分为三种:充分条件假言命题,必要条件假言命题,充分必要条件假言命题。

充分条件假言命题及其推理

充分条件假言命题是断定充分条件关系的假言命题。事物情况 p 是事物情况 q 的充分条件是指:有 p 一定有 q,但无 p 未必无 q。例如,"天下雨"就是"地上湿"的充分条件。充分条件假言命题的标准形式是"如果 p,那么 q",其中 p 为前件,q 为后件。在日常语言中,充分条件假言命题常常用多种形式加以表述,如"只要 p,就 q","一旦 p,则 q"等,有时其中的联结词还可以省略,如"锲而不舍,金石可镂","人心齐,泰山移","招手即停"。

一个充分条件假言命题,只有在前件真后件假的情况下才是假的,在前件真后件真、前件假后件真、前件假后件假的情况下都是真的。例如,充分条件假言命题"如果天下雨,那么会议延期",只有在天下雨但会议未延期的情况下才是假的,在其他情况下都是真的。

可见，一个充分条件假言命题，只要其前件是假的，或者其后件是真的，它本身就是真的，即

"如果 p 则 q"等值于"或者非 p 或者 q"。

并且，"p 并且非 q"构成"如果 p 那么 q"的否定，这两者之间是矛盾关系，即

"如果 p 则 q"等值于"并非(p 并且非 q)"。

充分条件假言推理，是根据充分条件假言命题的上述性质进行推演的推理，其有效式包括：

（1）肯定前件式：

  如果 p，那么 q；

  p

  ―――――――

  所以，q

例如，"如果官员甲拥有不受监控的权力，官员甲就很容易导致腐败；官员甲确实拥有不受监控的权力，所以，官员甲很容易导致腐败。"

（2）否定后件式：

  如果 p，那么 q；

  非 q

  ―――――――

  所以，非 p

例如，"如果小张体内有炎症，则他血液中的白血球含量就会不正常；小张血液中的白血球含量正常，所以，小张的体内没有炎症。"

充分条件假言推理的否定前件式和肯定后件式,是无效的推理形式。

　　如果 p,那么 q;
　　非 p
　　─────────
　　所以,非 q

　　如果 p,那么 q;
　　q
　　─────────
　　所以,p

例如,"如果我想当外语翻译,我就必须学好外语;我不想当外语翻译,所以我不必学好外语。"这个推理是充分条件假言推理的否定前件式,是无效的。再如,"如果小张患肺炎,则他会发烧;小张发烧了,所以他一定患了肺炎。"这个推理是充分条件假言推理的肯定后件式,也是无效的。

必要条件假言命题及其推理

必要条件假言命题是断定必要条件关系的假言命题。事物情况 p 是事物情况 q 的必要条件是指:无 p 一定无 q,但有 p 未必有 q。例如,"年满 18 岁"是"有选举权"的必要条件。必要条件假言命题的标准形式是"只有 p,才 q",在日常语言中,它也可以表述为"除非 p,否则不 q"等,如"除非考试及格,否则不予录取"。

　　一个必要条件假言命题,只有在前件假后件真的情况下才是假的,在前件真后件真、前件真后件假、前件假后件假的情况下都是真的。例如,必要条件假言命题"除非考试及格,否则不予录取",只有在"考试不及格却予以录取"的情况下才是假的,在其他情况下(例如"考试及格却未予录取")都是真的。

根据真值(二值逻辑中,真值包括真、假二种值)情况可以看出,如果 p 是 q 的充分条件,则 q 是 p 的必要条件;如果 p 是 q 的必要条件,则 q 是 p 的充分条件。也就是说,

"如果 p,那么 q"等值于"只有 q,才 p";

"只有 p,才 q"等值于"如果 q,那么 p";

"只有 p,才 q"等值于"如果非 p,那么非 q"。

例 1

一位医生对病人甲说:"除非做手术,否则你的病好不了。"

从这句话可以知道:

A. 医生给病人做了手术;

B. 病人的病被治好了;

C. 病人的病没被治好;

D. 医生认为,如果甲想治好自己的病,就必须准备做手术。

E. 病人甲交不起治疗费。

解析 医生所说的是一个必要条件假言命题,根据上面给出的等值关系,它等值于一个充分条件假言命题,所以,正确答案是 D。

必要条件假言推理,是根据必要条件假言命题的上述性质进行推演的推理。其有效式包括:

(1) 否定前件式：

只有 p,才 q；
非 p
─────────
所以,非 q

例如,"只有陈梦溪年满 18 岁,他才有选举权和被选举权；陈梦溪年仅 12 岁,所以他没有选举权和被选举权。"

(2) 肯定后件式：

只有 p,才 q；
q
─────────
所以,p

例如,"只有小张学习成绩好,他才能当三好学生；小张已当选为三好学生,所以,他一定学习好。"

必要条件假言推理的无效式有肯定前件式和否定后件式：

只有 p,才 q；
p
─────────
所以,q

只有 p,才 q；
非 q
─────────
所以,非 p

例如,"只有夏闯不循规蹈矩,他才能大有作为；夏闯不循规蹈矩,所以夏闯一定大有作为。"这个推理是必要条件假言推理的肯定前件式,明显是无效的。再如,"只有老王不畏劳苦,他才能有所成就;老王一生谈不上有什么成就,因此老王必定是怕苦怕累之人。"这个推理是必要条件假言推理的否定后件式,是无效的。

充分必要条件假言推理

充分必要条件假言命题是断定事物情况之间的充分必要条件关系的条件命题。事物情况 p 是事物情况 q 的充分必要条件,是指有 p 就有 q,并且无 p 就无 q。充分必要条件假言命题的标准形式是"p 当且仅当 q",这种表述形式常在数学中出现。在日常语言中通常用下述形式表示:"如果 p 则 q,并且只有 p 才 q","如果 p 则 q,并且如果非 p 则非 q"等。例如,毛泽东的名言"人不犯我,我不犯人;人若犯我,我必犯人"就是一个充分必要条件假言命题,它表示"人犯我"是"我犯人"的充分必要条件。

显然,当前件和后件同真或同假时,一个充分必要条件假言命题为真,在前后件不同真或者不同假的情况下都是假的。因此,充分必要条件假言推理有如下四个有效式:

p 当且仅当 q
p
―――――
所以,q

p 当且仅当 q
非 p
―――――
所以,非 q

p 当且仅当 q
q
―――――
所以,p

p 当且仅当 q
非 q
―――――
所以,非 p

这里排列的是三本在中国引入和介绍西方逻辑的重要著作。《名理探》是由明朝李之藻(1569—1630)所译的葡萄牙的一本大学逻辑讲义。《穆勒名学》是清朝严复(1854—1921)译述的一本英国逻辑著作,属于归纳逻辑方面的代表作。金岳霖的《逻辑》最早介绍引入了当时西方新兴的数理逻辑。它们的开创之功不可埋没。

4　并非价廉物美：负命题

"并非价廉物美"是一个**负命题**,即由否定一个命题而得到的命题。否定词一般置于一个命题前面或者后面,其标准形式是"并非 p","并不是 p"。日常语言中也用"p 是假的"来表示。

一个负命题为真,当且仅当,被它否定的命题为假。即是说,若一个命题为真,则它的负命题为假;若一个命题为假,则它的负命题为真。

这里有必要指出以下两点:(1) 负命题和它所否定的命题之间是矛盾关系;(2) 负命题不同于前一章所说到的否定命题"S 不是 P",在负命题中,否定词冠于整个句子之前,或置于整个句子之后;而在否定命题中,否定词插入句子的主、谓词之间。例如,"并非所有 S 是 P"并不等值于"所有 S 不是 P",而是等值于"有些 S 不是 P"。

上面实际上提到了几种负复合命题的等值命题,比较系统地重列如下:

(1)"并非(p 并且 q)"等值于"非 p 或者非 q"。

例如,"并非价廉物美",等值于"或者价不廉,或者物不美"。

(2)"并非(p 或者 q)"等值于"非 p 且非 q"。

例如,"并非明天或者刮风或者下雨",等值于"明天既不刮风也不下雨"。

(3)"并非如果 p 则 q"等值于"p 并且非 q"。

例如,"并非(乘客)招手(小巴)即停(车)",等值于"(乘客)招手,但(小巴)并不停(车)"。

(4)"并非只有 p 才 q"等值于"非 p 且 q"。

例如,"并非只有天才才能有创造发明",等值于"即使不是天才,也能有创造发明"。

(5)"并非(p 当且仅当 q)"等值于"p 且非 q,或者,非 p 且 q"。

例如,否定上节提到的毛泽东的那句名言,就等于是说:"人犯我但我不犯人,或者,人不犯我我却要犯人"。这近乎是一个疯子的行为。

5　常用的几种复合命题推理

（1）**反三段论**。其内容是：如果两个前提能够推出一个结论，那么，如果结论不成立且其中的一个前提成立，则另一个前提不成立。其形式是：

如果 p 且 q 则 r
非 r 且 p
─────────────
所以，非 q

或者

如果 p 且 q 则 r
非 r 且 q
─────────────
所以，非 p

例 1

如果所有的鸟都会飞，并且鸵鸟是鸟，则鸵鸟会飞。

从这个前提出发，需加上下面哪一组前提，才能逻辑地推出"有些鸟不会飞"？

　　A. 鸵鸟不是鸟，且鸵鸟会飞；

　　B. 有的鸟会飞，且鸵鸟是鸟；

　　C. 鸵鸟不会飞，但鸵鸟是鸟；

　　D. 鸵鸟不会飞，且所有的鸟都会飞；

E. 鸵鸟不会飞,且鸵鸟不是鸟。

解析 题干的前提部分可以表示为"如果 p 且 q 则 r",结论部分是"有些 S 不是 P",它等值于"并非所有 S 都是 P",也就是等值于非 p。根据反三段论的形式,要推出最后结论非 p,所要补充的前提是非 r 且 q,所以正确的选择是 C。

(2) **归谬式推理**。其内容是:如果从一个命题出发能够推出自相矛盾的结论,则这个命题肯定不成立。其形式是:

如果 p 则 q

如果 p 则非 q
_____

所以,非 p

(3) **反证式推理**。其内容是:如果否定一个命题能够推出自相矛盾的结论,则这个命题肯定成立。其形式是:

如果非 p 则 q

如果非 p 则非 q
_____

所以,p

归谬式和反证式推理对于解某些逻辑运算题特别有用,具体办法是:先假设某个前提或选项为真或者为假,看能否从中推出矛盾。如果能推出矛盾,则原来的假设不成立,该假设的否定成立;如果不能推出矛盾,则该假设可能成立也可能不成立。

例 2

从前,一个孤岛上有一个奇怪的风俗:凡是漂流到这个岛上的外乡人都要作为祭品被杀掉,但允许被杀的人在临死前说一句话,然后由这个岛上的长老判定这句话是真的还是假的。如果说的是真话,则将这个外乡人在真理之神面前杀掉;如果说的是假话,则将他在错误之神面前杀掉。有一天,一位哲学家漂流到了这个岛上,他说了一句话,使得岛上的人没有办法杀掉他。

该哲学家必定说下面哪一句话?

A. 你们这样做不合乎理性。

B. 我将死在真理之神面前。

C. 你们还讲不讲道德良心?

D. 我将死在错误之神面前。

E. 要杀要剐,由你们决定,但上帝会惩罚你们的。

解析 与一个具有完全不同的话语体系的群体,说选项 A、C、E 这样的话,显得迂腐可笑。如果说选项 B,则长老就可以任意地判定这句话是真的或者假的,于是就把这位哲学家在真理之神或错误之神面前杀掉,而没有任何矛盾。但假如这位哲学家说的是 D,这句话或者为真或者为假。如果为真,按照约定,就应该在真理之神面前杀掉他;但一旦真要这样做时,该哲学家就说了一句假话,又按照约定,应该在错误之神面前杀掉他;然而,若这样做,哲学家就说的是真话,就应该在真理之神面前杀掉他……如此循环往复,如果岛民要遵守自己的诺言,就根本不能杀掉该哲学家。真实的情形也确实如此,并且由于这位哲学家使岛民充分认识到他们原来做法的怪诞和荒谬,这个岛从此就废除了那个奇怪的风俗,并让那位哲学家做了他们的酋长。据说,这个岛就是现在的海南岛。

例3

全运会男子10000米比赛,大连、北京、河南各派了三名运动员参加。赛前四名体育爱好者在一起预测比赛结果。甲断言:"传统强队大连队训练很扎实,这次比赛前三名非他们莫属。"乙则说:"据我估计,后起之秀北京队或者河南队能够进前三名。"丙预测:"第一名如果不是大连队的,就是北京队的。"丁坚持:"今年与去年大不相同了,前三名大连队最多能占一席。"比赛结束后,发现四人中只有一人的预测是正确的。

以下哪项最可能是该项比赛的结果?

A. 第一名大连队,第二名大连队,第三名大连队。

B. 第一名大连队,第二名河南队,第三名北京队。

C. 第一名北京队,第二名大连队,第三名河南队。

D. 第一名河南队,第二名大连队,第三名大连队。

E. 第一名河南队,第二名大连队,第三名北京队。

解析 这一次我们先假设某个选项为真,看它能否与给定的前提相容,若不相容,则该选项不可能成立。设选项A成立,则甲的话真,丙的话也真。因为丙说的是一个充分条件假言命题,并且它的前件为假,根据前面给出的真值情况,该充分条件假言命题肯定为真,这样就有两句真话,与题干中"四人中只有一人预测正确"矛盾,因此选项A不成立。再设选项B成立,则乙、丙和丁的预测是正确的,这又与给定条件"四人中只有一人预测正确"矛盾,因此B不成立。C的情形同B,因此也不成立。再设E成立,则乙和丁的话都是真的,与给定条件矛盾,故不成立。所以,正确的选项是 D。因为这时只有乙的话是真的,甲、丙、丁的话都是假的,与给定条件相符。

(4) **二难推理**。这实际上是假言推理和选言推理的复合,最常用的有两种形式:

① 简单构成式:

如果 p 则 r
如果 q 则 r
p 或者 q
─────────
所以,r

欧洲中世纪曾被称为"黑暗的世纪"。当时,基督教神学占据绝对统治地位,它宣扬上帝创世说:上帝在七天之内创造了这个世界。第一天,创造了天和地,并创造了光,把时间分为昼与夜;第二天,创造了空气和水;第三天,用水区分了陆地和海洋,并让地上生长果木菜蔬;第四天,创造了太阳、月亮和星星,并由此区分昼、夜和时间节气;第五天,创造了水中的鱼和空中的鸟;第六天,上帝创造了各种动物,并用泥土按自己的样子造出了人类始祖——亚当,并让他去管理地上的各种动植物(后来,上帝见亚当孤单,取他身上的一根肋骨造出了夏娃)。第七天,上帝歇息了,于是这一天成为万民的休息日——礼拜天。基督教认为,这位创世的上帝是圣父、圣灵、圣子三位一体,是全知、全善、全能的。但有人给神学家提出了这样一个问题:"您说上帝万能,那么我请问您:上帝能不能创造一块他自己举不起来的石头?"并进行了这样的推理:

三　上帝能够创造一块他自己举不起来的石头吗？

如果上帝能够创造这样一块石头，那么他不是万能的。因为有一块石头他举不起来；

如果上帝不能创造这样一块石头，那么他不是万能的。因为有一块石头他不能创造；

上帝或者能够创造这样一块石头，或者不能创造这样一块石头；

所以，上帝不可能是万能的。

这是一个典型的简单构成式的二难推理。

神学的一个根本预设是存在一个全能、全知、至善的上帝。可是当人们亲历世界上各种各样的罪恶及苦难后，问题自然而然就产生了：如果上帝是至善的，为什么他会允许罪恶横行于世界？如果上帝的确是至善的，要消除罪恶，那么他为什么会创造出含有罪恶的世界并且至今尚未消除？面对着这个不完善的现实世界，顺理成章地可以得出结论：上帝要么是非全能的，要么是非至善的，甚至两者都不是。

《天使与恶魔》，埃舍尔

② 复杂构成式

如果 p 则 r

如果 q 则 s

p 或者 q

―――――――

r 或者 s

据说古希腊哲学家苏格拉底曾劝男人们都要去结婚，他的规劝是这样进行的：

> 如果你娶到一个好老婆，你会获得人生的幸福；
> 如果你娶到一个坏老婆，你会成为一位哲学家；
> 你或者娶到好老婆，或者娶到一位坏老婆，
> 所以，你或者获得人生的幸福，或者成为一位哲学家。

这里所使用的就是二难推理的复杂构成式。在苏格拉底看来，即使成为一位哲学家，也不是一件太坏的事情。他本人就是一位哲学家，尽管不能由此推出他的老婆就一定坏，但据说他的老婆确实也不太好，经常对他作河东狮吼。恐怕也难怪他的妻子，因为苏格拉底作为一位哲学家是杰出的，但他作为一名丈夫可能是不合格的。据说他长相丑陋，没有什么财产，整天又热衷于与人辩论，由此证明别人的无知，并证明他自己除了知道自己无知外其实也一无所知。当这样丈夫的妻子也实在是不容易。

6　真值联结词　真值形式　重言式

前面谈到了自然语言中的五大类联结词:"并且""或者""如果,则""当且仅当""并非"。这些联结词除了表示支命题之间的真假关系外,还表达了各支命题之间在内容、意义方面的关联。例如,下述联言命题就是如此:

(1) 并列关系:得道多助,失道寡助。

(2) 承接关系:高阳结了婚,并且生了孩子。

(3) 转折关系:林纾是翻译家,但他却不懂外语。

(4) 递进关系:他不但没有跪下,反而把腰杆挺得更直了。

同样,自然语言中的条件联结词"如果,则"也有很多含义,主要有:

(1) 条件关系:"如果天下雨,那么地湿。"这里,前件是后件的充分条件。

(2) 因果关系:"如果某人感冒,则某人发烧。"这里,前件是后件的原因。

(3) 推理关系:"如果所有金子都是闪光的,则有些闪光的东西是金子。"这里,后件是从前件逻辑推出的结论。

(4) 词义关系:"如果张三比李四胖,则李四比张三瘦。"这里,后件是根据"胖""瘦"的词义从前件推出来的。

（5）假设关系："假如中国不发生'文化大革命',中国也许已经成为中等发达程度的国家了。"这里,前件是一种反事实假设,后件则是由此生发出来的猜想。

（6）时序关系："如果冬天来了,则春天就不会遥远。"就字面含义而言,这里前件是时间上的先行事件,后件是它的后续事件。

（7）允诺、威胁甚至是打赌："如果你好好完成作业,我就给你买一块大蛋糕。""如果你不按我的要求办,我就每天杀掉一名人质。""如果你能跳过这道深沟,我把我的轿车输给你。"

正像其他任何科学对其研究对象都要进行抽象、有所舍弃一样,逻辑学也不能刻画命题联结词如此众多并且差异悬殊的涵义和用法,而要把一切个别的、特殊的东西作为不相干因素舍弃掉,抽象出其中共同的特性。问题在于什么是相干的因素,什么是不相干的因素？前已指出,逻辑学是关于推理和论证的科学,即使它研究命题,归根结底也是为了研究推理。从逻辑学角度看来,推理的最重要特性就是它的保真性或有效性,即从真实的前提出发,进行合乎逻辑的推理,应该只能得到真实的结论,而不会得到假的结论。也就是说,逻辑学认为,推理中最重要的关系就是前提和结论之间的真假关系,相应地,简单命题最重要的逻辑特性就是它的真与假,复合命题最重要的逻辑特性就是它的支命题的真假与该复合命题本身的真假之间的关系,而这种关系是由命题联结词来承担的。当我们撇开联结词所表达的各支命题在内容、意义上的联系,而只考虑各支命题之间以及支命题与该复合命题本身之间的真假关系时,这样的联结词就成为真值联结词了。

为了与日常联结词相区别,同时也为了书写的方便,逻辑学家们特制了一些专门的符号去表示真值联结词:

(1) ∧:读作"合取",相当于日常语言中的"并且";

(2) ∨:读作"析取",相当于日常语言中的"或者";

(3) →:读作"蕴涵",相当于日常语言中的"如果,则";

(4) ↔:读作"等值",相当于日常语言中的"当且仅当";

(5) ¬:读作"否定",相当于日常语言中的"并非"。

此外,为了表示符号之间的结构关系,还需要一些辅助符号,如左括号"("和右括号")"。然后,用真值联结词连接命题变项p,q,r,s,……,以形成所谓的"真值形式"。定义如下:

(1) 任一命题变项是真值形式;

(2) 如果A是真值形式,则¬A是真值形式;

(3) 如果A和B是真值形式,则A∧B,A∨B,A→B,A↔B是真值形式;

(4) 只有按以上方式形成的符号串是真值形式。

根据上述定义,我们可以判定任一符号串是不是真值形式,例如:

(¬((p∧q)↔(r∨s))∧p)→(q∨(r↔q))

由于p和q都是真值形式,则p∧q是真值形式;由于r和s都是真值形式,则r∨s是真值形式;因此,(p∧q)↔(r∨s)是真值形式;因此,¬((p∧q)↔(r∨s))是真值形式;因此,¬((p∧q)↔

(r∨s))∧p 是真值形式;由于 q 和 r 都是真值形式,则 r↔q 是真值形式;因此,q∨(r↔q)是真值形式;因此,(¬((p∧q)↔(r∨s))∧p)→(q∨(r↔q))是真值形式。不过,尽管 p,q,r,s,(p∧q)、(r∨s)、(r∨s)∧p 都是真值形式,但(p∧q)¬不是真值形式,所以((p∧q)¬)↔((r∨s)∧p)也不是真值形式。

上述真值联结词的意义由下述真值表给出:

p	q	¬p	p∧q	p∨q	p→q	p↔q
真	真	假	真	真	真	真
真	假	假	假	真	假	假
假	真	真	假	真	真	假
假	假	真	假	假	真	真

从这个真值表可以看出,¬p 的真值(包括真和假)与 p 的真值恰好相反。当 p 和 q 都真时,p∧q 为真;当 p 和 q 有一个为假时,p∧q 为假。当 p 和 q 有一个为真时,p∨q 为真;如果 p 和 q 都假,则 p∨q 为假。只有 p 真 q 假时,p→q 为假;在 p 真 q 真、p 假 q 真、p 假 q 假时,p→q 都为真。后三种情况也可以概括为:如果前件假或者后件真,则 p→q 为真。如果 p 和 q 同真或者同假,则 p↔q 为真;如果 p 和 q 不同真或者不同假,则 p↔q 为假。这里,命题形式¬p,p∧q,p∨q,p→q,p↔q 的真值取决于两个因素:其中所含命题变项的真值以及其中所出现的真值联结词。

一个真值形式,如果不论其中的命题变项取什么样的真值,它恒取真值真,则该真值形式是重言式;一个真值形式,如果不论其中的命题变项取什么样的真值,它恒取真值假,则该真值形式是矛盾式;一个真值形式,如果对于其中命题变项的某些真值组合取真值真,对于某些另外的真值组合取值为假,则该真值形式是偶真式。重言式是命题逻辑中的规律,大多数是有效的推理形式。一个真值形式是不是重言式,可以用多种方法判定,例如真值表法、归谬赋值法、树形图法、范式方法。

为了叙述的方便,以后不太严格地把真值形式简称为"公式",作为它的构成成分出现的真值形式简称为"子公式"。并且,我们把形如¬A的公式叫做"否定式",把形如A∧B的公式叫做"合取式",把形如A∨B的公式叫做"析取式",把形如A→B的公式叫做"蕴涵式",把形如A↔B的公式叫做"等值式"。

用真值表法判定一个公式真值的步骤是:

(1) 找出该公式中所有不同的命题变项,并竖行列出它们之间所有可能的真值组合。例如,((p→q)∧p)→q 中有两个不同的命题变项 p,q,每个命题变项有两个可能的真值:真和假;当其中一个变项取值为真时,另一个变项可能取值为真,也可能取值为假,于是两个命题变项就有 $2^2=4$ 种可能的真值组合。

p	q
真	真
真	假
假	真
假	假

按照卡尔·波普尔的科学哲学,一般性理论是无法证实的,但只要出现一个反例,就足以证伪它。像"上帝存在"之类的断言,要用经验证据去证明它们为假,就等于用经验证据去证明一个全称命题为真,都是不太可能的事情,因此不宜将它们看做是科学陈述。

一般地说，如果一个公式含有 n 个不同的命题变项，则它有 2^n 种可能的真值组合。

（2）按照该公式的生成次序，由简单到复杂地列出该公式的所有子公式，直至该公式本身。例如，((p→q)∧p)→q 中的全部子公式有：

p,q,p→q,(p→q)∧p,((p→q)∧p)→q

（3）按照上面给定的真值表，由命题变项的真值逐步计算出各个子公式的真值，直至该公式本身的真值。若该公式恒取值为真，则它为重言式；若它恒取值为假，则它为矛盾式；若它有时取值为真、有时取值为假，则它为偶真式。

p	q	p→q	(p→q)∧p	((p→q)∧p)→q
真	真	真	真	真
真	假	假	假	真
假	真	真	假	真
假	假	真	假	真

该真值表的最后一栏恒取真值真，则((p→q)∧p)→q 是一个重言式。

当一个公式中所含的命题变项比较多，因而其中的子公式也比较多时，真值表可能就会有很多列，很多栏，画起来很不方便。例如，

((p∧q∧r)→s)→(¬s→(p→(q→¬r)))

这个公式中有四个不同的命题变项 p, q, r, s, 它们可能的真值组合是 $2^4 = 16$ 种,这意味着它的真值表有 17 列。其中的子公式有 12 个,这意味着该真值表有 12 栏。画一个有 17 列、12 栏的真值表,肯定可以画出来,但毕竟有一点麻烦。而原则上,可以有任意复杂度的公式,因此真值表方法将会很笨拙,需要简化。

归谬赋值法就是真值表方法的简化,其基本思路是:先假设一个公式不是重言式,即可以为假,然后按照命题联结词的真值表,逐步算出其中各个子公式的真值,直至计算出其中所含的命题变项的真值,看能否导致矛盾的赋值:即必须对同一个子公式或命题变项既赋真值真又赋真值假。根据归谬法,原假设不成立,该公式是重言式。

例如,设 $((p \wedge q \wedge r) \rightarrow s) \rightarrow (\neg s \rightarrow (p \rightarrow (q \rightarrow \neg r)))$ 为假,由于此公式是一个蕴涵式,按照 $\rightarrow$ 的真值表,则 $(p \wedge q \wedge r) \rightarrow s$ 为真, $\neg s \rightarrow (p \rightarrow (q \rightarrow \neg r))$ 为假。由 $\neg s \rightarrow (p \rightarrow (q \rightarrow \neg r))$ 为假,可知 $\neg s$ 真,根据 $\neg$ 的真值表,可知 s 假。由 $p \rightarrow (q \rightarrow \neg r)$ 为假,根据 $\rightarrow$ 的真值表,可知 p 真而 $q \rightarrow \neg r$ 假,可知 q 真且 $\neg r$ 假,可知 r 真。把 p 真、q 真、r 真、s 假的值代入前件 $(p \wedge q \wedge r) \rightarrow s$ 中,则会得到前件为假,矛盾。所以,该公式是重言式。在使用归谬赋值法时,一般用"1"表示真,"0"表示假,赋值过程可以分行列出,也可以用一行表示出来。如果出现相互矛盾的赋值,则在相应的赋值底下标上短横线:

$$((p \wedge q \wedge r) \to s) \to (\neg s \to (p \to (q \to \neg r)))$$
1 1 1 1 1　1 0　0　　1 0 0　1 0　1 0　0 1

7　模态命题及其推理

在逻辑中,"必然""可能""不可能"等叫做"模态词",包含模态词的命题叫做"模态命题"。例如,"在有穷世界里,部分必然小于整体""在无穷世界里,部分可能等于整体""人不可能长生不死"等,都是模态命题,可以分别表示为"必然 p""可能 q"和"不可能 r"。"必然 p""不可能 p"(必然非 p)"可能 p"和"可能非 p"之间的真假关系,类似于直言命题 A、E、I、O 之间的真假关系,也可以用一个对当方阵来表示:

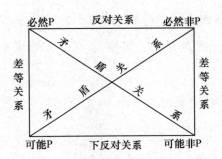

根据这种对当关系,可以在模态命题之间建立下述推理关系:

（1）"必然 p"推出"并非必然非 p"；

（2）"必然非 p"推出"并非必然 p"；

(3)"必然 p"推出"可能 p";

(4)"并非可能 p"推出"并非必然 p";

(5)"必然非 p"推出"可能非 p";

(6)"并非可能非 p"推出"并非必然非 p";

(7)"不可能 P"推出"可能非 P";

(8)"不可能非 P"推出"可能 P";

(9)"必然 p"等值于"并非可能非 p";

(10)"必然非 p"等值于"并非可能 p";

(11)"可能 p"等值于"并非必然非 p";

(12)"可能非 p"等值于"并非必然 p";

(13)"不可能 p"等值于"必然非 p"。

例 4

美国总统林肯说过:"最高明的骗子,可能在某个时刻欺骗所有的人,也可能在所有时刻欺骗某些人,但不可能在所有时刻欺骗所有的人。"

如果林肯的上述断定是真的,那么下述哪项断定是假的?

A. 林肯可能在某个时刻受骗。

B. 林肯可能在任何时候都不受骗。

C. 骗子也可能在某个时刻受骗。

D. 不存在某个时刻所有的人都必然不受骗。

E. 不存在某一时刻有人可能不受骗。

解析 选项 A 和 C 都可以从"骗子可能在某个时刻欺骗所有的人,也可能在所有时刻欺骗某些人"推出;D 等于是说"在所有时刻有些人可能受骗",显然也可从题干中推出;B 可以从"不可能在所有时刻欺骗所有的人"推出;E 等于是说"在所有时刻所有人都必然受骗",这与题干所说的"不可能在所有时刻欺骗所有的人"相矛盾,因此 E 是假的。故正确选项是 E。

在说谎者悖论中,句子通过对自身的否定达成对自身的支持,而对自身的支持却又造成自身的否定。左边的这幅图和这个悖论有异曲同工之妙。形象的譬喻是,这幅图代表了传说中的那条吞吃自我的蛇(Ouroboros)。它诸多寓意中的一种象征是,无限循环是宇宙的本性,它从自身的毁灭中诞生。

《螺旋》,埃舍尔

8 命题逻辑知识的综合应用

在逻辑考试特别是智力测验型考试中,有时会单独用到关于某一种复合命题的知识,更多的时候是要综合运用关于各种复合命题及其推理的知识。

例 5

下面两题基于下述共同题干:

北大百年校庆时,昔日学友甲、乙、丙会聚燕园。时光荏苒,他们也都功成名就,分别为作家、教授、省长。还知道:

Ⅰ. 他们分别毕业于哲学系、经济系和中文系。

Ⅱ. 作家称赞中文系毕业者身体健康。

Ⅲ. 经济系毕业者请教授写了一个条幅。

Ⅳ. 作家和经济系毕业者在一个省工作。

Ⅴ. 乙向哲学系毕业者请教过哲学。

Ⅵ. 过去念书时,经济系毕业者、乙都追求过丙。

1. 根据上述题干,下列陈述哪一个是真的?

A. 丙是作家,甲是省长。

B. 乙毕业于哲学系。

C. 甲毕业于中文系。

D. 中文系毕业的是作家。

E. 经济系毕业的是教授。

解析 从题干知道,这里有两个不相容选言命题"或者毕业于哲学系,或者毕业于经济系,或者毕业于中文系"和"或者是作家,或者是教授,或者是省长",对于甲、乙、丙都成立。由Ⅵ知道,甲毕业于经济系;由Ⅳ知道,甲不是作家;由Ⅲ知道,甲不是教授;所以,甲是省长。由Ⅴ知道,乙不是毕业于哲学系,乙当然也不毕业于经济系,故他毕业于中文系;由Ⅱ知道,乙不是作家,所以乙是教授。由此可知,丙毕业于哲学系,是作家。因此,正确的选项是 A。

2. 在上述题干中增加条件"如果甲、乙、丙中某位学友是作家,省长将邀请他担任省政府顾问",由此可推出:

A. 省政府顾问毕业于中文系。

B. 教授是省政府顾问。

C. 省政府顾问毕业于经济系。

D. 省政府顾问原来是学哲学的。

E. 丙不是省政府顾问。

解析 由上面的解析已经知道,丙毕业于哲学系,他是作家,因此,正确的选项是 D。

例 6

红星中学的四位老师在高考前对某理科毕业班学生的前景进行推测,他们特别关注班里的两个尖子生。

张老师说:"如果余涌能考上清华,那么方宁也能考上清华。"

李老师说:"依我看这个班没人能考上清华。"

王老师说:"不管方宁能否考上清华,余涌考不上清华。"

赵老师说:"我看方宁考不上清华,但余涌能考上清华。"

高考的结果证明,四位老师中只有一人的推测成立。

如果上述断定是真的,则以下哪项也一定是真的?

A. 李老师的推测成立。

B. 王老师的推测成立。

C. 赵老师的推测成立。

D. 如果方宁考不上清华大学,则张老师的推测成立。

E. 如果方宁考上了清华大学,则张老师的推测成立。

解析 题干中张老师和赵老师的断言形式分别为"如果 p 则 q"和"p 并且非 q",由前面的讨论可知,它们是互相矛盾的,根据矛盾律和排中律,其中必有一个推测成立且只有一个成立。又由给定条件,四人中只有一人的推测成立,因此李老师和王老师的推测均不成立,即有人考上了大学,且这个就是余涌。因此,如果方宁也考上了大学,则只有张老师的推测成立,所以正确答案是 E。

三　上帝能够创造一块他自己举不起来的石头吗？　|　123

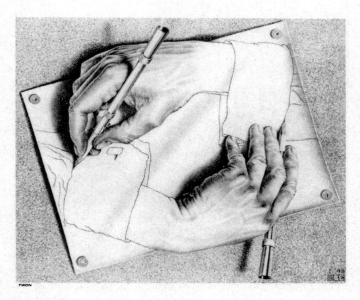

《画手》，埃舍尔

在埃舍尔的这幅石版画中，两只手既是对方的创作者，也是对方的作品。是左手在画右手，还是右手在画左手？这是个问题。倘若左手具有意识，在它沉浸于对右手进行精湛勾勒时，是否知道，自己也不过是右手的作品而已？以我们常人想来，一只手要想画另一只手，它就必须要先于另一只手而存在，因而不可能是另一只手的作品。然而实际上并不是左手在画右手，也不是右手在画左手；而是埃舍尔在画这幅名为《画手》的诡异的图。

先于埃舍尔一千多年的另一位天才庄子曾在《齐物论》中信手挥洒下这么一段文字："昔者庄周梦为胡蝶，栩栩然胡蝶也。自喻适志与！不知周也。俄然觉，则蘧蘧然周也。不知周之梦为胡蝶与？胡蝶之梦为周与？周与胡蝶则必有分矣。此之谓物化。"是否，不是庄周梦蝶，也不是蝶梦庄周；而是梦者另有其人，周与蝶俱在其梦中？又或是，这人也在另一人梦中，而另一人又在另一个梦中，如是无穷？

四

你说谎,卖国贼是说谎的,所以你是卖国贼?

——词项逻辑

始终要把心理的东西与逻辑的东西、主观的东西和客观的东西区分开来。绝不要孤立地去问一个词的意义,仅仅在语句的语境中才能去问一个词的意义。决不要无视概念和对象之间的区别。

——弗雷格

　　弗雷格(Gottlob Frege, 1848—1925),德国数学家、逻辑学家和哲学家,其主要著作有:《概念文字》《算术基础》《算术基本规律》等。他建立了第一个完全的命题演算和谓词演算系统,并提出了把数学化归于逻辑的逻辑主义纲领,是数理逻辑的主要奠基人。

亚里士多德（Aristotle，前384/3—前322），诞生在古希腊的斯塔吉拉城，其父为马其顿国王的宫廷医师。17岁时进入柏拉图创立的雅典学园，师从柏拉图达20年。但他对柏拉图的理念论持批评态度，据说他有一句名言："吾爱吾师，但吾更爱真理。"他曾任亚历山大大帝的教师，后创立吕克昂学院，由于采取一边散步一边教学的方式，他的学院被广泛称为"逍遥学派"。他是一位百科全书式的学者，是古希腊哲学的总结性人物。他一生著述宏富，其主要著作有：《工具论》，讨论逻辑问题；《形而上学》，讨论抽象的一般哲学问题；《物理学》《论天》《论生灭》《论灵魂》，讨论自然哲学问题；《尼可马各伦理学》《大伦理学》《欧德谟伦理学》，讨论道德伦理问题。此外，还有《政治学》《修辞学》《诗学》以及有关政治、经济等方面的其他著作。在这些著作中，他对先前的一切哲学进行全面认真的批判研究，兼收并蓄；对千差万别的宇宙现象作出多种方式、多种层次、多种侧面的阐明，开创了逻辑学、伦理学、政治学和生物学等

Organon(《工具论》)是后人对亚里士多德的如下六篇逻辑著作的汇编:《范畴篇》《解释篇》《前分析篇》《后分析篇》《论辩篇》和《辨谬篇》。它们分别讨论了范畴、直言命题和模态命题、直言三段论和模态三段论、证明、论辩和定义、谬误及其反驳等问题。《工具论》是逻辑学的奠基性著作。

学科的独立研究,史称"**逻辑之父**"。在整个西方哲学史和文化史上,亚里士多德发挥了广泛而又重要的影响。

《范畴篇》《解释篇》《前分析篇》《后分析篇》《论题篇》《辨谬篇》是亚里士多德的六篇逻辑著作,后人将其编辑在一起,冠之以《**工具论**》的书名。在这些著作中,他讨论了广泛的逻辑问题。例如,概念、范畴问题,提出了著名的"四谓词""十范畴"学说;直言命题及其相互关系,模态命题及其相互关系;直言三段论,模态三段论;证明理论,提出了比较系统的公理化思想;论辩、谬误以及对谬误的反驳。此外,在《形而上学》一书中,他还重点探讨了矛盾律和排中律。总起来说,在这些著作中,亚里士多德建立了一种"大逻辑"框架,在后来十几个世纪中占据统治地位的逻辑教学体系,即"概念→判断→推理→论证",在他那里已成雏形。但他在逻辑方面的主要成就,还是以直言命题为对象、以三段论理论为核心的词项逻辑理论,该理论迄今为止没有实质性变化,只不过作了少许添加和改良,因此,谈论词项逻辑,就不能不谈到亚里士多德。

1 所有的金子都是闪光的:直言命题

"所有的金子都是闪光的""有的天鹅不是白的""李白是我国唐朝的大诗人",都是逻辑学上所说的"直言命题"。从形式上说,直言命题是一个主谓式命题,它断定了某个数量的对象具有或者不具有某种性质,因此也叫做"性质命题"。

直言命题的结构和类型

直言命题由**主项**、**谓项**、**量项**、**联项**四部分构成。在分析直言命题的形式结构时,如果主项是普遍词项,通常用大写字母 S 表示;如果主项是单称词项,即专名和摹状词,则用小写字母 a 表示。谓项始终用大写字母 P 表示。直言命题的主项和谓项合称"词项"。联项包括肯定联项("是")和否定联项("不是");量项包括全称量项("所有""任一",……)和特称量项("有的""有些",……),有时也考虑单称量项,如"这个""那个"和"某个"。根据所含的联项和量项的不同,可以把直言命题分为六种类型:

全称肯定命题:所有 S 都是 P,记为 SAP,缩写为 A。

全称否定命题:所有 S 都不是 P,记为 SEP,缩写为 E。

特称肯定命题:有的 S 是 P,记为 SIP,缩写为 I。

特称否定命题:有的 S 不是 P,记为 SOP,缩写为 O。

单称肯定命题:a(或某个 S)是 P。

单称否定命题:a(或某个 S)不是 P。

例1

A:所有天鹅都是珍贵的。

E:所有宗教都不是科学。

I:有的哺乳动物是卵生的。

O:有的科学家不是大学毕业的。

单称肯定:台湾是中国领土不可分割的一部分。

单称否定:克林顿不是美国历史上最好的总统。

直言命题的词项是语言学中的语词,有内涵和外延。词项的内涵是该词项所表达的意思,或者说,是该词项所指称的对象所具有的特有属性或本质属性。一个词项所表达的概念就是该词项的内涵,并且由于概念都由相应的词项来表达,因此在日常思维中,常把一个词项和由该词项所表达的概念视为同一。词项的外延是该词项所表示或指称的那个对象或对象的类别,如单独概念"孔子"的外延则是中国古代历史上的孔子其人;普遍概念"人"的外延是由来自不同的种族、具有不同的肤色、年龄和文化传统的各种各样的人所组成的类或者集合。词项逻辑主要处理词项(或概念)的外延,并用欧拉图(或者用文恩图)来表示概念的外延。若用欧拉图表示,两个词项(或概念)的外延之间有并且只有以下五种关系:

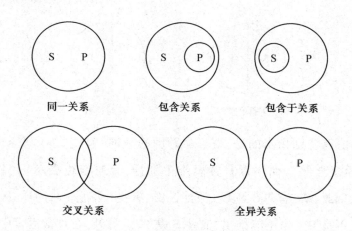

如果所有的 S 都是 P,但有些 P 不是 S,则称 P 是 S 的属概念,S 是 P 的种概念,S 和 P 是种属关系,例如,"鲸鱼"和"哺乳动物"、"侦察机"和"航空器"之间就是种属关系,前一概念是种概念,后一概念是属概念。如果两个概念没有共同的外延,并且它们的外延之和等于它们的属概念的外延,例如,"奇数"和"偶数"相对于"整数","男人"和"女人"相对于"人","正义战争"和"非正义战争"相对于"战争",则称这两个概念之间是矛盾关系。如果两个有矛盾关系的概念都是肯定概念,如"奇数"和"偶数",则它们互为正负概念;如果一个为肯定概念,另一个为否定概念,如"正义战争"和"非正义战争",则否定概念是肯定概念的负概念。如果两个概念没有共同的外延,并且它们的外延之和小于它们的属概念的外延,例如"数学"和"物理学"相对于"自然科学",则它们之间是反对关系。将这两种关系图示如下:

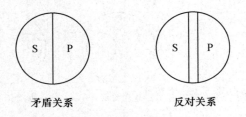

矛盾关系　　　　　　反对关系

　　值得特别指出的是,直言命题中的量词"有些"表示"至少有些,至多全部",而不像日常思维中那样,有时候也表示"仅仅有些",因此,从"有些S是P",不能推出"有些S不是P";同样,从"有些S不是P",也不能推出"有些S是P"。另外,在日常语言中,直言命题的表达可能是很不规范的,例如,"每一个人都会死","任何人都难免一死","人总有一死","凡人皆有死","人统统会死","没有人不死","难道有不死的人吗?",都是在用不同的方式表达"所有S都是P",应整理成A命题。"没有负数是大于1的",等于是说"所有负数都不是大于1的",应整理为E命题。"人不都是自私的",应整理成"有的人不是自私的",是O命题。在进行逻辑分析时,遇到不规范的直言命题,应先将其整理成规范形式,然后进行其他步骤,以免出错。

直言命题间的对当关系

直言命题之间的对当关系是指有相同素材(即有相同主项和谓项)的直言命题间的真假关系。如果没有相同的主谓项,则无法比较它们的真假。例如,我们可以比较"所有的天鹅都是白色的"与"有的天鹅不是白色的"之间的真假关系,但我们无法比较"所有的姑娘都是漂亮的"和"有些小伙子是聪明的"之间的真假关系。

一个直言命题只不过是对于其主项和谓项之间的外延关系的一种断定,其真假也取决于这种外延关系,可列表如下:

词项关系 命题类别	S P (S包含于P)	S P (S等于P)	S P (P包含于S)	S P (相交)	S P (相离)
SAP	真	假	真	假	假
SEP	假	假	假	假	真
SIP	真	真	真	真	假
SOP	假	真	假	真	真

可以把 A、E、I、O 之间的真假关系概括为四类,即矛盾关系、差等关系、反对关系和下反对关系。分述如下:

1. 矛盾关系

指 A 与 O、E 与 I 的关系,它们之间既不能同真,也不能同假,因而必有一真,也必有一假。于是,由一个为真,就可以推出另一个为假;由一个为假,就可以推出另一个为真。例如,由"所有金子都是闪光的"为真,可以逻辑地推出"有些金子不闪光"为假;由"有的哺乳动物是卵生的"为真,可以逻辑地推出"所有哺乳动物都不是卵生的"为假。

有时我们也撇开真假概念,用否定词、等值把矛盾关系表述如下:

(1)"SAP"等值于"并非 SOP";

(2)"SEP"等值于"并非 SIP";

(3)"SIP"等值于"并非 SEP";

(4)"SOP"等值于"并非 SAP"。

这里所说的两个命题等值是指:两个命题的形式可能不同,但表达的逻辑内容是相同的,即它们恒取相同的真假值。

2. 差等关系

亦称"从属关系",指 A 与 I、E 与 O 之间的关系。这种关系存在于同质(同为肯定或否定)的全称命题和特称命题之间,我们可以把它概括为:如果全称命题真,则相应的特称命题真;如果特称命题假,则相应的全称命题假;如果全称命题假,则相应的特称命题真假不定;如果特称命题真,则相应的全称命题真假不定。例如,如果"有的网络精英不是亿万富翁"为假,则从逻辑上可以推知:"所有网络精英都不是亿万富翁"为假;但是,假如前者为真,则不能逻辑地推知"所有网络精英都不是亿万富翁"究竟是真还是假。

四 你说谎,卖国贼是说谎的,所以你是卖国贼? | 135

"路漫漫其修远兮,吾将上下而求索。"图中蚂蚁上上下下沿着一个莫比乌斯带爬行。这个莫比乌斯带只有一个面,可由一条带子扭转一次后首尾相接而形成。

莫比乌斯带象征着无穷大∞。尽管环的长度相对于蚂蚁们的身体而言并不长,但它们的爬走永远到不了尽头。蚂蚁们不断地回到原点,然后重新出发,一遍一遍地经历走过的路。类似地,哲学研究也需要一遍一遍地反复思考,从每次思考中得到新的知识。或许蚂蚁可以忘记走过哪些路,只管走就是了;但是哲学研究者却必须做到"温故而知新""举一隅而以三隅反"。

《蚂蚁》,埃舍尔

3. 反对关系

指 A 与 E 的关系,它们之间不能同真,但可以同假。于是,若一个为真,则另一个必为假;若一个为假,则另一个真假不定。例如,已知"所有科学家都不是思想懒汉"为真,可以逻辑地推出"所有科学家都是思想懒汉"为假;但从"所有奇数都能被 3 整除"为假,却不能逻辑地推知"所有的奇数都不能被 3 整除"究竟是真还是假。

4. 下反对关系

指 I 与 O 的关系,它们之间可以同真,但不能同假。于是,由一个为假,可以逻辑地推出另一个为真;但从一个为真,不能确切地知道另一个的真假。例如,已知"有些儿童是共产党员"为假,则可以逻辑地知道"有些儿童不是共产党员"为真;但从"有些民主党派人士是教授"为真,却不能逻辑地知道"有些民主党派人士不是教授"的真假。

可以用下述简图来刻画对当关系,这个图被称为"对当方阵"或"逻辑方阵":

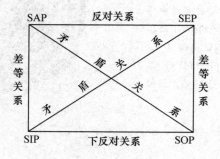

在处理三段论时,一般把单称命题作为全称命题的特例来处理。但是,在考虑对当关系(即真假关系)时,单称命题不能作为全称命题的特例。如果涉及有同一素材的单称命题,那么以上所述的对当关系要稍加扩展:单称肯定命题和单称否定命题是矛盾关系;全称命题与同质的单称命题是差等关系;单称命题与同质的特称命题也是差等关系,但与不同质的特称命题是下反对关系;单称命题与不同质的全称命题是反对关系。这种关系可用下图刻画:

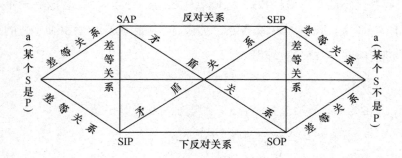

例 2

如果所有的鸟都会飞,并且鸵鸟是鸟,则鸵鸟会飞。

从上述前提出发,若加上前提"鸵鸟不会飞,但鸵鸟是鸟"之后,我们仍不能逻辑地确定下列哪些陈述的真假?

Ⅰ. 并非所有的鸟都会飞;

Ⅱ. 有的鸟会飞;

Ⅲ. 所有的鸟都不会飞;

Ⅳ. 有的鸟不会飞;

Ⅴ．所有的鸟都会飞。

A．仅Ⅱ。

B．仅Ⅲ。

C．仅Ⅱ和Ⅲ。

D．仅Ⅰ、Ⅱ、Ⅲ。

E．Ⅰ、Ⅱ、Ⅲ、Ⅳ、Ⅴ。

解析 从题干加上问题部分的补充前提后,所能推出的结论是"有些鸟不会飞"(O),根据A、E、I、O之间的对当关系,它能够确定Ⅰ(并非A)、Ⅳ(O)为真,Ⅴ(A)为假,但不能确定Ⅱ(I)和Ⅲ(E)的真假,因此,正确的选项是C。

例3

在某次税务检查后,四个工商管理人员有如下结论:

甲:所有个体户都没纳税。

乙:服装个体户陈老板没纳税。

丙:个体户不都没纳税。

丁:有的个体户没纳税。

如果四人中只有一人断定属实,则以下哪项是真的?

A．甲断定属实,陈老板没有纳税。

B．丙断定属实,陈老板纳了税。

C．丙断定属实,但陈老板没纳税。

D．丁断定属实,陈老板未纳税。

E．丁断定属实,但陈老板纳了税。

解析 丙的话等于是说"有的个体户纳了税",这句话与甲的话是矛盾关系,既然四句话中只有一句是真的,根据排中律,真话必在这两句之间,乙和丁的话都是假的。由乙的话假,可知陈老板纳了税;由丁的话假,根据矛盾关系,可以知道"所有个体户都纳了税"真,因而甲的话假,丙的话真。于是,正确的选项是 B。

直言命题中词项的周延性

在直言命题中,如果断定了一个词项的全部外延,则称它是**周延的**,否则就是不周延的。因此,只有在直言命题中出现的词项,才有周延与否的问题;并且,词项是否周延,只取决于某个直言命题对其外延的断定,也就是取决于该命题本身的形式。

关于词项周延性,有如下结论:

(1) 全称命题的主项都是周延的;
(2) 特称命题的主项都是不周延的;
(3) 肯定命题的谓项都是不周延的;
(4) 否定命题的谓项都是周延的。

把这四条结论应用于 A、E、I、O 四种命题之上,得到下表:

命题类型	主项	谓项
SAP	周延	不周延
SEP	周延	周延
SIP	不周延	不周延
SOP	不周延	周延

周延问题在处理整个直言命题推理时是非常重要的。演绎推理是一种必然性推理，它的结论是从前提中抽引出来的，因而结论所断定的不能超出前提所断定的。这一点在直言命题推理中的表现就是要求"在前提中不周延的词项在结论中不得周延"，否则推理的有效性就得不到保证，会犯各种逻辑错误。例如，从"所有的人都是动物"就得不出"所有的动物都是人"，因为在前一命题中，"动物"是肯定命题的谓项，不周延；而在结论中它是全称命题的主项，是周延的，所以不能从前一命题推出后一命题。

2 从单个前提出发：直接推理

直接推理是从一个直言命题出发，推出一个直言命题结论的推理。有以下类型：

对当关系推理

根据如前所述的直言命题之间的对当关系所进行的推理，叫做"**对当关系推理**"。有以下有效的推理形式：

（1） SAP→ ¬ SEP

例如，从"所有的人都享有基本人权"，可以推出"并非所有的人都不享有基本人权"。

(2) SEP→¬SAP

例如,从"人不能两次踏进同一条河流",可以推出"并非人能够两次踏进同一条河流"。

(3) SAP→SIP

例如,从"所有偶数都是能够被2整除的",可以推出"有些偶数是能够被2整除的"。

(4) SEP→SOP

例如,从"无物常驻",可以推出"有物不常驻"。

(5) ¬SIP→¬SAP

例如,从"并非有些未满18岁的青少年有投票权",可以推出"并非所有未满18岁的青少年都有投票权"。

(6) ¬SOP→¬SEP

例如,从"并非有些花朵不是美丽的",可以推出"并非所有花朵都不是美丽的"。

(7) SAP→¬SOP

例如,从"所有的人都有保护环境的义务",可以推出"并非有些人没有保护环境的义务"。

(8) SEP→¬SIP

例如,从"所有真理都不是口袋中现存的铸币",可以推出"并非有些真理是口袋中现存的铸币"。

(9) SIP→¬SEP

例如,从"在我们国家,有些官员是贪污腐败分子",可以推出

"在我们国家,并非所有的官员都不是贪污腐败分子"。

(10) SOP→ ¬ SAP

例如,从"有的克里特岛人不说谎",可以推出"并非所有的克里特岛人都说谎"。

(11) ¬ SAP→SOP

例如,从"并非所有的公民都偷税漏税",可以推出"有的公民不偷税漏税"。

(12) ¬ SEP→SIP

例如,从"并非所有国家都没有发生疯牛病",可以推出"有些国家发生了疯牛病"。

(13) ¬ SIP→SEP

例如,从"并非有的中国人是诺贝尔科学奖获得者",可以推出"所有中国人都不是诺贝尔科学奖获得者"。

(14) ¬ SOP→SAP

例如,从"并非有些单身汉不是未结婚的男人",可以推出"所有单身汉都是未结婚的男人"。

(15) ¬ SIP→SOP

例如,从"并非我们单位的有些电脑遭遇了黑客攻击",可以推出"我们单位的有些电脑没有遭遇黑客攻击"。

(16) ¬ SOP→SIP

例如,从"并非有些金属不是导电体",可以推出"有些金属是导电体"。

换质法

将一个直言命题由肯定变为否定,或者由否定变为肯定,并且将其谓项变成其矛盾概念,由此得到一个与原直言命题等值的直言命题,这就是换质法。它有以下形式:

(1) SAP↔SE$\bar{P}$

例如,从"所有低科技产品都是没有高附加值的",经过换质,可以得到"所有低科技产品都不是有高附加值的"。

(2) SEP↔SA$\bar{P}$

例如,从"所有儿童都不是科学家",经过换质,可以得到"所有儿童都是非科学家"。

(3) SIP↔SO$\bar{P}$

例如,从"有些天鹅是黑色的",经过换质,可以得到"有些天鹅不是非黑色的"。

(4) SOP↔SI$\bar{P}$

例如,从"有些青年人不是大学生",经过换质,可以得到"有些青年人是非大学生"。

换位法

将一个直言命题的主项和谓项互换位置,但将直言命题的质保持不变,即原为肯定仍为肯定,原为否定仍为否定,由此得到一个新的直言命题,这就是换位法。它必须遵守下述规则:在前提中不周

延的词项在结论中不得周延。有以下有效形式:

(1) SAP→PIS

例如,从"所有的植物都是需要阳光的",可以推出"有些需要阳光的东西是植物",但不能推出"所有需要阳光的东西都是植物"。因为在后一命题中,主项"需要阳光的东西"周延,而它在前提中是不周延的,违反换位规则,无效。

(2) SEP→PES

例如,从"所有唯物论者都不是有神论者",可以推出"所有有神论者都不是唯物论者"。

(3) SIP→PIS

例如,从"有些高科技产品创造了巨大的经济效益",可以推出"有些创造了巨大经济效益的产品是高科技产品"。

(4) SOP 不能换位。因为若 SOP 换位为 POS,S 就由不周延变为周延了,违反了换位规则,也就有可能由真命题得到假命题。例如,从真命题"有些人不是大学生",若换位就会得到假命题"有些大学生不是人"。

换质位法

对一个直言命题先换质,再换位,由此得到一个新的直言命题,这就是**换质位法**。它有以下有效形式:

(1) SAP→SE$\bar{P}$→$\bar{P}$ES

例如,从"未经反省的人生都是没有价值的",先换质,得到"未

四　你说谎,卖国贼是说谎的,所以你是卖国贼?

《思考》,Peter Challesen,纸雕

你,无法为我设立标准
你,不配为我设立标准
我,为我自己设立标准
我就是我自己的标准
假如我错了,
我将同我的错误一道死亡
无怨无悔
但谁敢打赌:
结局一定会如此呢?

经反省的人生都不是有价值的",再换位,得到"有价值的人生都不是未经反省的"。

(2) SEP→SA$\bar{P}$→$\bar{P}$IS

例如,从"不想当元帅的士兵不是好士兵",先换质,得到"不想当元帅的士兵都是不好的士兵",再换位,得到"有些不好的士兵是不想当元帅的士兵"。

(3) SIP 不能换质位,因为换质后得到 SO$\bar{P}$,而 SO$\bar{P}$ 不能换位。

(4) SOP→SI$\bar{P}$→$\bar{P}$IS

例如,从"有些科学家不是受过正规高等教育的",先换质,得到"有些科学家是未受过正规高等教育的",再换位,得到"有些未受过正规高等教育的人是科学家"。

实际上,换质法和换位法可以结合进行,只要在换质、换位时遵守相应的规则即可。可以先换质,再换位,再换质,再换位,……。例如:从"凡有烟处必有火",经过连续的换质位,可以得到"凡无火处必无烟"。也可以先换位,再换质,再换位,再换质,……。例如,从"所有植物都含有叶绿素",先换位,得到"有些含有叶绿素的东西是植物",再换质,得到"有些含有叶绿素的东西不是非植物"。

例 4

北京大学的学生都是严格选拔出来的。其中,有些学生是共产党员,但所有学生都不是民主党派的成员;有些学生学理科,有些学生学文科;很多学生爱好文学;有些学生今后将成为杰出人士。

以下命题都能够从前提推出,除了:

A. 并非所有北大学生都不是共产党员。

B. 有些非民主党派成员不是非北大学生。

C. 并非所有学文科的都是非北大学生。

D. 有些今后不会成为杰出人士的人不是北大学生。

E. 有些北大学生是非民主党派成员。

解析 选项 A 可以根据对当关系推理，从"有些北大学生是共产党员"推出来；选项 B 可以通过连续的换质位，从"所有北大学生都不是民主党派的成员"推出来；从"有些北大学生学文科"出发，通过连续的换位质，可以推出"有些学文科的不是非北大学生"，再根据对当关系，可以推出选项 C；从"所有北大学生都不是民主党派的成员"出发，先换质，再根据对当关系推理，可以推出选项 E。从"有些北大学生今后将成为杰出人士"出发，经过换质，可以推出"有些北大学生不是今后不会成为杰出人士的人"，而后者不能再换位为选项 D。所以，正确答案是 D。

3 从两个前提出发：三段论

直言三段论的定义和结构

直言三段论是由一个共同词项把作为前提的两个直言命题连接起来，得出一个新的直言命题作为结论的推理。

例 5

所有科学都以追求真理为目标,
各门社会科学都是科学,
——————————————————
所以,各门社会科学也以追求真理为目标。

这是一个直言三段论推理。

顾名思义,直言三段论由三个直言命题构成,其中两个是前提,一个是结论。结论的主项是**小项**(用 S 表示),含有小项的前提是**小前提**;结论的谓项是**大项**(用 P 表示),含有大项的前提是**大前提**;两个前提共有的词项叫做**中项**(用 M 表示)。在例 5 中,"社会科学"是小项,"以追求真理为目标"是大项,"科学"是中项。相应地,"所有科学都以追求真理为目标"是大前提,"各门社会科学都是科学"是小前提,"各门社会科学也以追求真理为目标"是结论。

根据中项在前提中的不同位置,三段论分为四个不同的格,可分别表示如下:

```
M — P     P — M     M — P     P — M
S — M     S — M     M — S     M — S
—————     —————     —————     —————
S — P     S — P     S — P     S — P
第一格    第二格    第三格    第四格
```

根据组成三段论的三个直言命题的质与量,三段论有不同的式。在例 5 的三段论中,大前提是 A 命题,小前提也是 A 命题,结论还是 A 命题,因此该三段论是 AAA 式。再如,"所有的人都是会死的,苏格拉底是人,所以,苏格拉底是会死的。"这个三段论也是 AAA 式。因为在三段论中,单称命题可以作为同质的全称命题的特例来处理,即把单称肯定命题当做全称肯定命题的特例,把单称否定命题当做全称否定命题的特例,这不会产生任何问题,也不会使任何三段论推理无效。

还需要指出的是,日常思维中所表述的三段论常常是不那么标准的,往往需要做一些调整工作,其方法是:(1) 区分结论和大、小前提;(2) 按大前提、小前提、结论的顺序,调整三段论中三个直言命题的位置;(3) 确定大、小前提和结论的命题类型,并写出它们的标准形式。

例 6

所有的肝部炎症都有传染性,有些消化系统疾病没有传染性,所以,有些消化系统疾病不是肝部炎症。

解析 这个三段论的小项是"消化系统疾病",大项是"肝部炎症",中项是"有传染性"。它的形式结构是:

所有 P 都是 M
有些 S 不是 M
―――――――――
所以,有些 S 不是 P

例 7

在作案现场的不都是作案者。因为有些在作案现场的没有作案动机,而作案者都有作案动机。

解析 这个三段论的结论是"在作案现场的不都是作案者",

化为标准形式,即"有些在作案现场的(人)不是作案者",其中"在作案现场的(人)"是小项,"作案者"是大项,"有作案动机(的人)"是中项。相应地,"有些在作案现场的(人)没有作案动机"是小前提,"作案者都有作案动机"是大前提。经这样整理后,它的形式结构是:

所有 P 都是 M
有些 S 不是 M
——————————
所以,有些 S 不是 P

明显可以看出,例 6 和例 7 具有相同的结构,它们都是第二格的三段论。

既然组成直言三段论的都是直言命题,就可以用欧拉图去表示这三个直言命题中词项的相互关系,实际上也就是大项、中项和小项之间的外延关系。以例 6 为例,该三段论可以表示为:

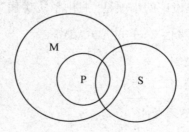

如果使三段论的两个前提为真的欧拉图也一定使该三段论的结论为真,则这个三段论就是有效的;反之,如果使三段论的两个前提为真的欧拉图有可能使该三段论的结论为假,则它的结论就不是

必然得出的,该三段论因此也是无效的。正是在这种意义上,可以说欧拉图为判定三段论是否有效提供了一种工具或方法。

直言三段论的一般规则

一个三段论要成为有效推理,就必须遵守一般规则。其一般规则有:

规则1 在一个三段论中,有而且只能有三个不同的项。

实际上,这条规则是三段论定义中的应有之义。如前所述,三段论由三个直言命题组成,每个直言命题含有两个词项,因而共有六个词项。但由于结论的主项和小前提的一个词项相同,结论的谓项与大前提的一个词项相同,两个前提中还有一个共同的中项,因而不同的词项只能有三个。三段论实际上是通过前提所表明的中项(M)与大项(P)和小项(S)的关系,推导出结论中小项与大项之间的关系。若没有中项,就推不出任何结论来。正是在这个意义上,我们说中项是连接大项和小项的桥梁或媒介。

违反这条规则的常见情形是:在大、小前提中作为中项的语词看起来是同一个,但却表达着两个不同的概念,因而这个三段论事实上含有四个不同的词项,严格说来就是没有中项,也就没有连接大项和小项的桥梁和媒介,结论的得出就不是必然的。这种错误叫做"**四词项错误**",或称"**四概念错误**"。

例 8

中国人是勤劳勇敢的，
懒汉猪八戒是中国人，
——————————————
所以,懒汉猪八戒是勤劳勇敢的。

在这个推理前提中,作为中项的"中国人",在大前提中是指作为一个民族的中国人,而在小前提中是指一个一个中国人。所以,它在两个前提中实际上表达了两个不同的概念,因而不能起桥梁或媒介作用,不能必然地推导出结论。这个三段论犯了"四词项错误"。

规则2　中项在前提中至少要周延一次。

如前所述,三段论是凭借中项在前提中的桥梁、媒介作用得出结论的,即大项、小项至少有一个与中项的全部发生关系,另一个与中项的部分或者全部发生关系,这样就能保证大、小项之间有某种关系。否则,大、小项都只与中项的一部分发生关系,这样就有可能大项与中项的这个部分发生关系,而小项则与中项的另一个部分发生关系,结果是大项和小项之间没有唯一关系,得不出必然的结论来。违反这条规则所犯的逻辑错误称为**"中项两次不周延"**。

例 9

有些自然物品具有审美价值,所有的艺术品都有审美价值,因此,有些自然物品也是艺术品。

以下哪个推理与题干中的推理在结构以及所犯的逻辑错误上最为类似?

A. 有些有神论者是佛教徒,所有的基督教徒都不是佛教徒。因此,有些有神论者不是基督教徒。

B. 某些牙科医生喜欢烹饪,李进是牙科医生,因此,李进喜欢烹饪。

C. 有些南方人爱吃辣椒,所有的南方人都习惯吃大米,因此,有些习惯吃大米的人爱吃辣椒。

D. 有些进口货是假货,所有国内组装的 APR 空调机的半成品都是进口货,因此,有些 APR 空调机半成品是假货。

E. 有些研究生也拥有了私人汽车,所有的大款都有私人汽车,因此,有些研究生也是大款。

小狗或许被它自己推理的结论弄迷糊了,我怎么可能是一只猫?如果推理的前提都成立,而结论不成立,那就只有一种可能性:推理形式非有效,它不能保证由真的前提得到真的结论。

解析 正确答案是 E。因为题干和选项 E 都是三段论第二格，其中的中项（"具有审美价值"，"拥有私人汽车"）都是肯定命题的谓项，因而都不周延，违反规则，不能必然地得出结论。

规则3　在前提中不周延的项，在结论中不得周延。

这一规则的理由在前面讨论周延性问题时已经解释过了。违反这条规则所犯的逻辑错误是"**周延不当**"，具体有"**小项周延不当**"和"**大项周延不当**"两种表现形式。

例 10

鲁迅在《论辩的魂灵》一文中，这样揭露了顽固派的诡辩手法："你说甲生疮，甲是中国人，就是说中国人生疮了。既然中国人生疮，你是中国人，就是你也生疮了。你既然也生疮，你就和甲一样。而你只说甲生疮，不说你自己，你的话还有什么价值?!"

解析　在诡辩派的论辩中，有两个三段论，一个是："甲生疮，甲是中国人，所以，（所有）中国人生疮。"这里，小项"中国人"在前提中不周延，但在结论中周延了，犯了"小项不当周延"的错误。如果诡辩派狡辩说：我并没有说"所有中国人生疮"，那么他所说的是"有些中国人生疮"，上面这个三段论就是正确的。但我们接着看第二个三段论："（有些）中国人生疮，你是中国人，所以，你也生疮。"在这个三段论中，中项"中国人"一次也不周延，犯了"中项不周延"的错误。总之，从"你说甲生疮"，无论如何也推不出"你也生疮"的结论。诡辩派的整个推论是不合逻辑的。

例 11

所有想出国的人都要好好学外语，
我又不想出国，
───────────────────
所以，我不必好好学外语。

在这个三段论推理中，大前提是一个肯定命题，因而大项"要好好学外语"在大前提中不周延。但结论是一个否定命题，大项"要好好学外语"在结论中周延，因此，这个三段论犯了"大项不当周延"的逻辑错误，无效。

应当注意的是，规则3只是说在前提中不周延的项在结论中不得周延，并没有说在前提中周延的项在结论中也必须同延。既然对前提中周延的项没有提出要求，这就意味着在前提中周延的项，在结论中可以周延，也可以不周延。这两种情形在逻辑上都是允许的，不会导致任何逻辑错误。

规则4　从两个否定前提推不出任何确定的结论。

如果两个前提都是否定的，这就意味着大项和小项都至少与中项的部分或者全部不相交，这样就不能保证大项和小项由于与中项的同一个部分相交而彼此之间发生关系，中项起不到连接大、小项的桥梁作用，大项和小项本身就可能处于各种各样的关系之中，从而得不出确定的结论。

例 12

所有的基本粒子都不是肉眼能够看见的，
所有的昆虫都不是基本粒子，
───────────────────
所有的昆虫……？

这个三段论得不出任何确定的结论。

规则5　(i)如果两个前提中有一个是否定的,那么结论是否定的;(ii)如果结论是否定的,那么必有一个前提是否定的。

关于(i),如果两个前提中有一个是否定的,根据规则4,另一个前提必须是肯定的,这就意味着:大项和小项中有一个与中项发生肯定性的联系,另一个与中项发生否定性的联系。于是,与中项发生肯定性联系的那一部分和与中项发生否定性联系的那一部分之间的联系,必定是否定性的,所以结论必须是否定的。

关于(ii),既然结论是否定的,大项和小项之间发生否定性联系,并且这种联系是通过中项的媒介作用建立起来的,因此这两个词项中必定有一个与中项发生肯定性关联,另一个与中项发生否定性关联,所以,前提必定有一个是否定的。

以上五条三段论规则是基本的,并且用它们就足以把有效的三段论与无效的三段论区分开来。但为了明确和方便起见,有时还从它们证明、推导出一些规则,例如:

规则6　两个特称前提不能得出结论。

规则7　前提中有一个特称,结论必然特称。

直言三段论的省略形式

在日常思维中,常常使用三段论的下述三种省略形式:

(1)省略大前提,例如有人在谈到克林顿的绯闻时说:"克林顿也是人,他也有七情六欲嘛。"他说的这两句话之间实际上有推理关系,而这种推理关系的建立需要补充另外一个大前提:"所有的人都有七情六欲。"

（2）省略小前提,例如"大学生的主要任务是学习而不是赚钱,所以你目前的主要任务也是如此,不要本末倒置啊!"这里一眼就可看出,省略的前提是"你是一名大学生"。

（3）省略结论,例如毛泽东说:"我们的事业是正义的,而正义的事业是不可战胜的。"显然,这里省略的是结论:"我们的事业是不可战胜的。"从修辞上说,把这个结论省略之后,使那两句话听起来余音缭绕,很有韵味。

但三段论的省略形式会出现下述问题,如被省略的前提实际上是不成立的,或者所使用的推理形式是无效的。在这两种情形下,结论都没有得到强有力的支持,因此,有时需要把省略三段论补充为完整的三段论,然后看其前提真不真,推理过程是否有效。做这种补充的程序和方法是:

（1）查看省略的究竟是什么,是前提还是结论？通过考虑两个命题之间是并列关系还是推出关系,可以弄清楚这一点。

（2）如果省略的是前提,确定省略的是大前提还是小前提:含结论主项的是小前提,含结论谓项的是大前提。

（3）如果省略的是大前提,把结论的谓项（大项）与中项相连接,得到大前提；如果省略的是小前提,则把结论的主项（小项）与中项相连接,得到小前提。

（4）如果省略的是结论,把小项与大项相连接,得到结论。在做了所有这些工作之后,再来看被省略的前提是否真实,推理过程是否正确。

例 13

有些导演留大胡子,因此,有些留大胡子的人是大嗓门。

为使上述推理成立,必须补充以下哪项作为前提?

A. 有些导演是大嗓门。

B. 所有大嗓门的人都是导演。

C. 所有导演都是大嗓门。

D. 有些大嗓门的不是导演。

E. 有些导演不是大嗓门。

解析 如果补充 A 或 D 或 E 到题干,所构成的三段论的两个前提都是特称的,根据规则 6,都推不出结论;如果补充 B 到题干,所构成的三段论犯了"中项两次不周延"的错误。而如果补充 C 到题干,得到的三段论是:

所有导演都是大嗓门,
有些导演留大胡子,
———————————————
所以,有些留大胡子的是大嗓门。

这是有效三段论。所以,正确的答案是 C。

三段论知识的综合应用

例 14

凡物质都是可塑的,树木是可塑的,所以树木是物质。

四 你说谎,卖国贼是说谎的,所以你是卖国贼?

以下哪个推理的结构与上述最为相近?

A. 凡真理都是经过实践检验的,进化论是真理,所以进化论是经过实践检验的。

B. 凡恒星是自身发光的,金星不是恒星,所以金星自身不发光。

C. 凡公民必须遵守法律,我们是公民,所以我们必须遵守法律。

D. 所有的坏人都攻击我,你攻击我,所以你是坏人。

E. 凡鲸一定用肺呼吸,海豹可能是鲸,所以海豹可能用肺呼吸。

解析 题干的结构是:

所有 P 都是 M

所有 S 是 M

——————————

所以,所有 S 都是 P

选项 A 的结构是:所有 M 是 P,所有 S 是 M,所以,所有 S 是 P;B 的结构是:所有 M 都是 P,所有 S 都不是 M,所以,所有 S 都不是 P;C 的结构是:所有 M 都是 P,所有 S 是 M,所以,所有 S 都是 P;E 的结构是:所有 M 都是 P,所有 S 可能是 M,所以,所有 S 可能是 P;显然它们都与题干的结构不相同。在诸选项中只有 D 与题干有相同的结构,因为在三段论中单称命题作全称处理,于是在 D 中,"你攻击我"的形式是"所有 S 是 M"。所以,正确答案是 D。

例15

王晶：李军是优秀运动员，所以，他有资格进入名人俱乐部。

张华：不过李军吸烟，他不是年轻人的好榜样，因此李军不应被名人俱乐部接纳。

张华的论证使用了以下哪项作为前提？

Ⅰ 有些优秀运动员吸烟。

Ⅱ 所有吸烟者都不是年轻人的好榜样。

Ⅲ 所有被名人俱乐部接纳的都是年轻人的好榜样。

A. 仅Ⅰ。

B. 仅Ⅱ。

C. 仅Ⅲ。

D. 仅Ⅱ和Ⅲ。

E. Ⅰ、Ⅱ和Ⅲ。

解析 张华的论证包括两个推理：一个推理是从"李军吸烟"，推出"李军不是年轻人的好榜样"，这里若补充选项Ⅱ作为前提，能构成一个有效的三段论；另一个推理是从"李军不是年轻人的好榜样"推出"李军不应被名人俱乐部接纳"，这里若补充选项Ⅲ作为前提，能构成一个有效的三段论。张华的论证显然不需要假设选项Ⅰ作为前提。所以，正确的答案是 D。

《天与水》,埃舍尔

　　飞鸟与游鱼之间看起来有着两个世界般遥远的距离,一个在天上翱翔,另一个则在水底游弋。但是埃舍尔巧妙地把它们融合在一起:画中从上到下飞鸟慢慢地过渡为游鱼;只是鸟之间的空隙从上到下逐渐鲜明,显现出鱼的轮廓,而相应地,鱼之间的空隙从下到上逐渐地显现为鸟。鸟与鱼之间没有明确的界限,天与水借助于鸟和鱼融合在一起。这种融合恰似蒯因对分析真理和综合真理之间的界限的抹去。分析真理与综合真理,乍看起来也是截然不同的东西,前者凭语词的意义为真,后者则是凭经验活动为真;但是蒯因却论证道它们之间并没有明确的界限。

例 16

以下两题基于下述共同的题干：

所有安徽来京打工人员，都办理了暂住证；所有办理了暂住证的人员，都获得了就业许可证；有些安徽来京打工人员当上了门卫；有些业余武术学校的学员也当上了门卫；所有的业余武术学校的学员都未获得就业许可证。

(1) 如果上述断定都是真的，则除了以下哪项，其余的断定也必定是真的？

A. 所有安徽来京打工人员都获得了就业许可证。

B. 没有一个业余武术学校的学员办理了暂住证。

C. 有些安徽来京打工人员是业余武术学校的学员。

D. 有些门卫没有就业许可证。

E. 有些门卫有就业许可证。

解析 解答这道题所需要使用的就是三段论。由题干中前面两句话，使用三段论可以推出"所有安徽来京打工人员都获得了就业许可证"(选项 A)；由 A 和题干最后一句话可推出"所有的业余武术学校的学员都不是安徽来京打工人员"，因此不可能有安徽来京打工人员是业余武术学校的学员。选项 C 必定是假的。选项 B、D、E 可从题干给定的条件或这些条件的推论中推出。所以，正确答案是 C。

(2) 以下哪个人的身份，不可能符合上述题干所作的断定？

A. 一个获得了就业许可证的人，但并非是业余武术学校的学员。

B. 一个获得了就业许可证的人,但没有办理暂住证。

C. 一个办理了暂住证的人,但并非是安徽来京打工人员。

D. 一个办理了暂住证的业余武术学校的学员。

E. 一个门卫,他既没有办理暂住证,又不是业余武术学校的学员。

解析 可以从题干中推出存在着使选项 A 为真的人,例如一个安徽来京打工人员。选项 B、C、E 都与题干相容,但选项 D 与题干不相容。因为由题干通过三段论可推出:所有办理了暂住证的人员都获得了就业许可证;所有业余武术学校的学员都未获得就业许可证。因此,不可能有业余武术学校的学员办理了暂住证。所以,正确答案是 D。

五

织女爱每一个爱牛郎的人？

——谓词逻辑

任何一个哲学问题,在对它进行必要的分析和澄清之后,便会表明要么根本不是哲学问题,要么就在我们使用"逻辑"这个词的意义上,是逻辑问题。

有三股简单而又无比强烈的激情支配了我的一生:对于知识的追求,对于爱的渴望,以及对于人类苦难难以遏制的同情心。

——罗素

罗素(Bertrand Russell,1872—1970),英国哲学家、逻辑学家,国际著名学者。他著述宏富,其主要逻辑著作有:《数学原则》《数学原理》(三卷本,与 A. N. 怀特海合著),《数理哲学导论》等。在逻辑上,他建立了一个完全的命题演算和谓词演算系统,发展了关系逻辑和摹状词理论,提出了解决悖论的类型论,并坚持从逻辑可以推导出全部数学的逻辑主义纲领。

历史常常是由一些异想天开的人士推动的。德国哲学家、数学家、逻辑学家莱布尼茨（G. W. Leibniz, 1646—1716）就是这样的一位异想天开的人士。他的脑袋里总是装满了各种新奇的想法,也经常被这些想法弄得疲于奔命,这既使得他无法特别专心地去做某一件事,也使得他在许多领域内都有所建树。例如,他提出了可能世界概念和充足理由律,并把后者和矛盾律视为人类理性的两大基础。他是微积分的发明人之一,曾为微积分的发明权与牛顿进行过激烈的论战。据说他从中国的阴阳八卦中获得启发,提出了二进制计算法,并创制了一台手摇的二进制计算机。更重要的是,他提出了创立数理逻辑的理想,即通过发明一套普遍语言和普遍数学,把所有推理化归于计算,最后使推理的错误成为计算的错误,以致当两位哲学家发生争论时,他们面面相觑之后互相说:我们还是别争了,让我们坐下来,拿起纸和笔,算一算谁对谁错吧。但他在这方面的工作时断时续,自己也似乎从未对它们感到满意过,所以这些工

在欧洲中世纪,西班牙经院哲学家雷蒙德·卢尔发明了可能是第一台思维机器,用概念的组合代替思维,试图使思维成为一种计算。17世纪,英国哲学家霍布斯明确提出了"思维即计算""逻辑与计算合一"的思想。上面第一个图是法国科学家布莱斯·帕斯卡(Blaise Pascal, 1623—1662)所发明的一台加法器,用以减轻其父亲从事税收工作时的计算量。第二个图是莱布尼茨所发明的帕斯卡计算器的改进版,能够做更复杂的乘除等运算。在当代社会,以计算机技术为基础的互联网给我们的生活方式带来了革命性的变化。

作的结果他当时都没有发表。现在看来,限制他取得成功的原因主要是两个:一是他执著于对语句作主谓式分析,故复合命题不在他的视野之内;二是他拘泥于内涵观点,即把句子主谓项的关系理解为一种内涵关系,而不是外延关系。不过,他所提出的理想却激励一代一代后来者前赴后继地为之奋斗。经过德摩根(A. de Morgan, 1806—1871)、布尔(G. Boole, 1815—1864)、弗雷格(G. Frege, 1848—1925)、皮亚诺(G. Peano, 1858—1932)、罗素(B. Russell, 1872—1970)和怀特海(A. Whitehead, 1861—1947)等好几代逻辑学家的不懈努力,直至1928年,希尔伯特(D. Hilbert, 1862—1943)和阿克曼(W. Akermann, 1896—1962)证明一阶谓词演算的一致性;1930年,哥德尔(K. Godel, 1906—1978)证明一阶谓词演算的完全性,莱布尼茨的理想才算部分地实现,数理逻辑才算真正创立。

"数理逻辑"是一个很大的概念,这里不打算详细讨论它的范围和特征,只指出一点:**数理逻辑**的基础部分是命题逻辑和谓词逻辑。前面的第四章讨论了命题逻辑,本章则讨论谓词逻辑。

1 对于新的命题分析方法的需要

命题逻辑刻画复合命题的逻辑性质及其推理关系,词项逻辑刻画直言命题的逻辑性质及其推理关系。它们各自都有很强的处理推理的能力,能够判别相应范围的推理究竟是有效的还是无效的。

不过,它们各自都有自己的局限性。这里讲两点:

第一,它们都不能处理关系命题及其推理。

请看下面的推理:

(1) 2小于3,3小于4,所以,2小于4。

(2) 有的投票人赞成所有的候选人,所以,所有的候选人都有人赞成。

这里,(1)是一个最普通的关系推理,因为小于关系是传递的,因此,从"2<3"和"3<4",明显可以推出"2<4"。但是,由于命题逻辑不分析简单命题的内部结构,它就只能把(1)分析为:p,q,所以r,即从任意两个命题推出任意的第三个命题。这样的推理当然不会是有效的。按词项逻辑的方法,(1)只能分析为:

(1′)

2是小于3的,

3是小于4的,
_____

所以,2是小于4的。

但是,作为直言命题,"2是小于3的"的主项是"2",谓项是"小于3的";"3是小于4的"的主项是"3",谓项是"小于4的"。也就是说,这两个命题没有相同的主项和谓项,相互之间建立不起任何推理关系,因而也就得不出任何结论。

同样,按命题逻辑的处理方法,(2)只能分析为:p,所以q,即从任意一个命题推出另外一个任意的命题。这样的推理当然不会是有效的。按词项逻辑的方法,(2)只能分析为:(2′)有的投票人是赞成所有的候选人的,所以,所有的候选人都是有人赞成的。其中,前提的主项是"投票人",谓项是"赞成所有的候选人的";结论的主项是"候选人",谓项是"有人赞成的"。前提和结论的主、谓项完全不相同,根本建立不起任何推理关系。

之所以如此,是因为(1)和(2)都是关系推理,其中的关系是个体与个体之间的关系,命题逻辑因为不分析命题的内部结构,无法处理个体之间的关系;词项逻辑对命题作主谓式分析,因而只能处理(某个数量的)对象是否具有某种性质的问题,同样也不能处理个体之间的关系。因此,关系命题及其推理在命题逻辑和词项逻辑的视野之外。

第二,它们都不能处理量词内部含联结词结构的命题及其推理。

请看下面的推理:

(3) 任一自然数,如果它能够被2整除,则它是偶数;如果它不能被2整除,则它不是偶数。有的自然数不能被2整除,所以,有的自然数不是偶数。

根据直觉,这个推理是有效的。但是,由于命题逻辑不分析一个简单命题的内部结构,因此,像"任一自然数,如果它能够被2整除,则它是偶数;如果它不能被2整除,则它不是偶数"这样一个量词里面含联结词结构的复杂命题,也只能处理为 p,后两个命题只能分别处理为 q 和 r,整个推理处理为:p,q,所以 r。这样的推理形式不可能是有效的。对于"任一自然数,如果它能够被2整除,则它

Booles rechnende Logik und die Begriffsschrift   27

geschlossene Zahl b die Ungleichung $-n \leq \Phi(A+b) - \Phi(A) \leq n$ erfülle.

Ich habe hierbei angenommen, dass die Zeichen $<, >, \leq$ die Ausdrücke, zwischen denen sie stehen, als reelle Grössen kennzeichnen.

14) Die reelle Function $\Phi(x)$ des reellen x ist auf dem Intervalle von A bis B stetig.

Wenn hier die Formel im Vergleich mit dem Wortausdruck umfangreich erscheint, so ist immer zu bedenken, dass Erstere die Definition des Begriffes gibt, den Letztere nur nennt. Trotzdem möchte eine Zählung der einzelnen Zeichen, die hier und da erforderlich sind, nicht zu Ungunsten der Formel ausfallen.

15) $\Phi(x,y)$ ist eine reelle, für $x=A, y=B$ stetige Function von x und y.

16) A ist der Grenzwert der mit B anfangenden Φ-Reihe (vergl. Begriffsschrift §§ 9, 10, 26, 29).

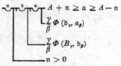

Z.B. 1 ist die Grenze, welcher sich die Glieder einer Reihe nähern, die mit 0 anfängt, und in der aus irgendeinem Gliede (x) das nächstfolgende (y) immer durch das Verfahren $\frac{1}{3} + \frac{2}{3}x = y$ hervorgeht.

    1879年，弗雷格出版一部题为《概念文字》的一百多页的小册子，他提出了一种全新的逻辑演算，构成了现代数理逻辑的核心内容。该书还探讨了逻辑、证明和语言的本性等。

是偶数；如果它不能被 2 整除，则它不是偶数"这样的复杂命题，词项逻辑根本没有办法进行处理，因此无法判别(3)是不是一个有效推理。

因此，我们需要有另外的命题分析方法，以及由这种分析方法所派生的另外的推理分析方法，去说明和刻画人们的思维中常用的关系命题及其推理，以及量词里面含联结词结构的命题及其推理。谓词逻辑将提供这种新的分析、说明工具。

2 个体词、谓词、量词和公式

与词项逻辑一样，**谓词逻辑**也要深入到一个简单命题的内部，把该命题拆分为不同的部分；但它不是像词项逻辑那样，对一个简单命题作主谓式分析，即将其拆分为主项、谓项、联项、量项；而是把该命题拆分为**个体词**、**谓词**、**量词**，很多时候还要加上**联结词**。

个体词包括个体变项和个体常项。个体变项使用小写字母 x, y, z 等等，表示某个特定范围内的某个不确定的对象。个体常项使用小写字母 a, b, c 等等，表示某个特定范围内的某个确定的对象。这里所说的"某个特定范围"，用更专门的术语来说，叫做"论域"或"个体域"，即由一定对象所组成的类或者集合。论域规定了个体变项的取值范围，因此也叫做个体变项的"值域"。论域一般是"全域",即由世界上所有能够被思考、被谈论的事物组成的集合。在有特殊需要时,论域也可以不是全域,而是满足一定条件的事物构成的集合,例如"人的集合""自然数集合"。在论域给定之后,个体常项指称论域中某个特定的对象,随论域的不同,这些对象可以是2,3,黄河、黄山、蒋介石;个体变项x,y,z则表示论域中某个不确定的个体,随论域的不同,它们的值也有所不同。例如,如果论域是全域,个体变项x就表示某个事物;如果论域是"人的集合",则个体变项x就表示某个人;如果论域是"自然数集合",则个体变项x就表示某个自然数。

谓词符号使用大写字母F,G,R,S等等,经过解释之后,它们表示论域中个体的性质和个体之间的关系。一个谓词符号后面跟有写在一对括号内的、用逗号隔开的、适当数目的个体词,就形成最基本的公式,叫做"原子公式",例如$F(x), G(a), R(x,y), S(x,a,y)$。一个谓词符号后面跟有一个个体词,则它是一个一元谓词符号。一元谓词符号经过解释之后,表示论域中个体的性质。如果一个谓词符号后面跟有两个个体词,则它是一个二元谓词符号。依此类推,后面跟有n个个体词的谓词符号,就是n元谓词符号。二元以上的谓词符号,经过解释之后,表示论域中个体之间的关系。例如,若以自然数为论域,令a为自然数1,R表示"小于",S表示"… − … = …",那么,$R(x,y)$是说"x小于y",$S(x,a,y)$是说"$x-1=y$"。

量词包括全称量词∀和存在量词∃,它们可以加在如上所述的原子公式前面,形成所谓的"量化公式",例如:

∀xF(x),读做"对于所有 x,x 是 F"。

∃xF(x),读做"存在 x 使得 x 是 F"。

原子公式和量化公式还可以用命题联结词连接起来,形成更复杂的公式,例如:

∀x(F(x)→G(x))

∃x∀y(F(x)∧R(x,y))

S(x,a,y)→∀x(¬F(x)↔S(x,a,y))

我们以上所说的东西包括两部分:谓词逻辑的符号,以及由这些符号所形成的公式:

(Ⅰ) 谓词逻辑的符号

(i) 个体变项:x,y,z,……

(ii) 个体常项:a,b,c,……

(iii) 谓词符号:F,G,R,S,……

(iv) 量词:∀,∃

(v) 联结词:¬,∧,∨,→,↔

(vi) 辅足性符号:逗号",",左括号"(",右括号")"。

(Ⅱ) 谓词逻辑的公式

(i) 一个谓词符号 F,后面跟有写在一对括号内的、用逗号隔开的、适当数目的个体变项 x,y,z 或个体常项 a,b,c 等,是原子公式。

(ii) 如果 A 是公式,则 ¬A 是公式。

(iii) 如果 A 和 B 都是公式,则 A∧B,A∨B,A→B,A↔B 是公式。

（iv）如果 A 是公式,则 $\forall xA, \exists xA$ 是公式。

（v）只有按以上方式形成的符号串是公式。

量词有其管辖的范围,称为"辖域"。一个量词后面最短的公式就是该量词的辖域。例如,在 $\forall x(F(x)\rightarrow G(x))$ 中,全称量词 $\forall x$ 的辖域是 $(F(x)\rightarrow G(x))$；在 $\exists x\forall y(F(x)\wedge R(x,y))$ 中,存在量词 $\exists x$ 的辖域是 $\forall y(F(x)\wedge R(x,y))$,全称量词 $\forall y$ 的辖域是 $(F(x)\wedge R(x,y))$,在公式 $S(x,a,y)\rightarrow \forall x(\neg F(x)\leftrightarrow S(x,a,y))$ 中,全称量词 $\forall x$ 的辖域是 $(\neg F(x)\leftrightarrow S(x,a,y))$,$S(x,a,y)$ 不在它的辖域之内。

有必要区分"一个公式中所出现的变项"和"一个变项在一个公式中的出现"。例如,

$$\exists x(T(x)\wedge \forall y(H(y)\rightarrow Z(x,y)))$$

在上面这个公式中,总共出现了两个不同的个体变项 x 和 y,但 x 出现了三次,y 也出现了三次。一个变项的某一次出现,如果处于量词 $\forall x$ 或 $\exists x$ 的辖域之内,则称该变项的这一次出现是"约束出现",否则叫做"自由出现"。例如,$\forall x(F(x)\rightarrow G(x))$ 中,x 的出现都是约束出现,在 $\exists x\forall y(F(x)\wedge R(x,y))$ 中,x 和 y 的出现也都是约束出现；但在 $S(x,a,y)\rightarrow \forall x(\neg F(x)\leftrightarrow S(x,a,y))$ 中,x 和 y 在 $S(x,a,y)$ 中的出现不被任何量词所约束,是自由出现；但在 $\forall x(\neg F(x)\leftrightarrow S(x,a,y))$ 中,x 是约束出现,y 是自由出现。一个变项,如果在一个公式中有约束出现,则称它是"约束变项"；如果在一个公

式中有自由出现,则称它是"自由变项"。显然,在一个公式中,一个体变项可以既是约束变项又是自由变项。

一个含有至少一个自由变项的公式,叫做"开公式",例如 F(x),∃xR(x,y)。开公式的意义不确定,因而没有确定的真假。一个不含任何自由变项的公式,叫做"闭公式",例如 G(a),∃x∀y R(x,y)。在给定论域之后,闭公式有确定的意义,因而也有确定的真假。

3　自然语言中量化命题的符号化

有了上面的符号工具之后,我们可以把自然语言中任意复杂的性质命题和关系命题符号化,变成谓词逻辑中的公式。

直言命题的符号化

与词项逻辑对直言命题作主谓式分析不同,谓词逻辑把直言命题形式上的主词和谓词都变成谓词,另外找出了逻辑主词,即个体变项 x,y,z 等。在不限定论域,即论域为全域时,六种直言命题分别可以如下方式符号化:

(1) 全称的直言命题应符号化为一个全称蕴涵式。

例如,SAP 应该符号化为:

∀x(S(x)→P(x))

怀特海和罗素合著的三卷本巨著《数学原理》（1910—1913），标志着人类对逻辑关系的认识有了前所未有的进展。该书是逻辑学发展史上的一座里程碑，作者们试图证明：数学可以化归于逻辑，由此获得其可靠性。

读作:"对于任一 x 而言,如果 x 是 S,则 x 是 P。"例如,令 SAP 为"所有北大学生都是聪明的",并用 S 表示"北大学生",用 P 表示"聪明的",则该句子符号化为相应的公式后,其意思是:"对于任一 x 而言,如果 x 是北大学生,则 x 是聪明的。"这正是"所有北大学生都是聪明的"的原意。

类似地,SEP 应符号化为:

$\forall x(S(x)\to \neg P(x))$

读作:"对于任一 x 而言,如果 x 是 S,则 x 不是 P。"例如,当把"所有的有神论者都不是马克思主义者"符号化为相应的公式后,其意思是:"对于任一 x 而言,如果 x 是有神论者,则 x 不是马克思主义者。"

注意,不能把 SAP 符号化为 $\forall x(S(x)\wedge P(x))$,因为当论域为全域时,此公式表示全域内的所有事物都是 S 并且都是 P。若把 S 和 P 分别理解为"北大学生"和"聪明的",则此公式表示论域中所有的东西都是北大学生,并且都是聪明的。这是一个明显为假的命题,显然不是"所有北大学生都是聪明的"的原意。同样的道理,也不能把 SEP 符号化为 $\forall x(S(x)\wedge \neg P(x))$。

(2) 特称的直言命题应符号化为存在合取式。

例如,SIP 应该符号化为:

$\exists x(S(x)\wedge P(x))$

读作:"存在着这样的 x,使得 x 是 S 并且 x 是 P。"例如,当把

"有的天鹅是白色的"变成相应的公式后,其意思是:"存在着这样的 x,使得 x 是天鹅并且 x 是白色的。"这正是"有的天鹅是白色的"的原意。

类似地,SOP 应该符号化为:

$\exists x(S(x) \land \neg P(x))$

读作:"存在着这样的 x,使得 x 是 S 但 x 不是 P。"例如,当把"有些哺乳动物不是胎生的"变成相应的公式后,它的意思是:"存在着这样的 x,使得 x 是哺乳动物,但 x 不是胎生的。"

注意,特称命题不能符号化为存在蕴涵式。例如,SIP 不能符号化为:

$\exists x(S(x) \rightarrow P(x))$

因为若可以这样转换的话,则有可能使明显为假的句子成为真的。令 SIP 为"有些懒汉是勤劳的",这是一个自相矛盾的命题,不可能为真。若令 S 表示"懒汉",P 表示"勤劳的",并且若该命题的谓词逻辑公式是 $\exists x(S(x) \rightarrow P(x))$,后者逻辑等值于 $\exists x(\neg S(x) \lor P(x))$,而这个公式是说:"存在着这样的 x,使得或者 x 不是懒汉,或者 x 是勤劳的。"这是一个真公式!因为全域中显然有个体不是懒汉,也有个体是勤劳的。

(3) 单称的直言命题应符号化为原子公式。

例如,"《春江花月夜》是一支中国古代名曲"可以符号化为:

F(a)

读作："a 是 F"，这里"a"代表《春江花月夜》，"F"代表"一支中国古代名曲"。

又如，"周作人不是一位具有民族气节的人"可以符号化为：

¬F(a)

读作："a 不是 F"，这里"a"代表周作人，"F"代表"一位具有民族气节的人"。

有时候，我们是在一个特定的范围内讨论问题，例如数学家在建构自然数算术理论时，他所谈论的都是自然数，这时他就没有必要把论域设定为全域，而只需要把它设定为"自然数集合"。人类学家在建构关于人的理论时，他所谈论的都是人，这时他也只需要把论域设定为"人的集合"。在这种情况下，个体变项就自动表示该特定论域中的某个不确定的对象，个体常项则表示该特定论域中的某个特定的对象，这样，相应的符号公式就可以简化。例如，当论域为"自然数集"时，

"所有的自然数都是整数"应符号化为 $\forall x S(x)$，这里 S 代表"整数"；

"所有的自然数都不是负数"应符号化为 $\forall x \neg P(x)$，这里 P 代表"负数"；

"有些自然数是奇数"应符号化为 $\exists x F(x)$，这里 F 代表"奇数"；

"有些自然数不是偶数"应符号化为 $\exists x \neg G(x)$，这里 G 代表

"偶数";

"3 是一个素数"应符号化为 H(a),这里 a 表示自然数 3,H 代表"素数";

"133 不是一个能被 3 整除的数"应符号化为 ¬H(b),这里 b 表示自然数 133,H 代表"能被 3 整除的数"。

当论域限定为某个特定论域时,有关命题的谓词逻辑公式要简单得多。不过,这种情况不具有一般性,除非特别说明,我们一般不限定论域,一律取全域为论域。

关系命题的符号化

关系命题是断定对象之间具有某种关系的命题。例如:

(1) $E = mc^2$;

(2) 约翰爱玛丽。

(3) 廊坊位于北京和天津之间。

都是关系命题。

关系命题包括三个要素:个体词、关系谓词和量词。个体词是表示具有某种关系的对象的语词,如上面的例子中的"E""约翰""廊坊"等。关系谓词是表示对象之间所具有的关系的语词,如"=""爱""在……和……之间"等。量词表示具有某种关系的对象的数量和范围,如"有些"和"所有"等。发生在两个对象之间的关系叫做"二元关系",依此类推,发生在 n 个对象之间的关系叫做"n 元关系"。例如,在上面的例子中,"… = … × … × …"是四元关系,

"爱"是二元关系,"在…和…之间"是三元关系。上述三个命题可以分别符号化为：

(1′) S(e, m, c, c)

(2′) L(a, b)

(3′) B(a, b, c)

显然,个体变项和个体常项的次序在这里是十分重要的,R(a, b)表示a与b有R关系,而R(b, a)则表示b与a有R关系,这两者的不同常常就像"2<3"和"3<2"的不同一样。

有些关系命题带有量词,例如：

(4) 牛郎不爱有些爱织女的男人。

(5) 织女爱每一个爱牛郎的人。

(6) 有的投票人赞成所有的候选人。

它们可以分别符号化为：

(4′) $\exists x(M(x) \land L(x, a) \land \neg L(b, x))$

读作："存在这样的x,使得x是男人,并且x爱a(织女),但b(牛郎)不爱x。"

(5′) $\forall x(P(x) \land L(x, b) \rightarrow L(a, x))$

读作："对于任一x而言,如果x是人并且x爱b(牛郎),则a(织女)爱x。"

(6′) $\exists x(T(x) \land \forall y(H(y) \rightarrow Z(x, y)))$

读作："存在这样的x,使得x是投票人,并且对于任一y,若y是候选人,则x赞成y。"

关系推理的符号化

任何一个推理都可以表示为一个前提蕴涵结论的蕴涵式,只要把它的前提合取起来作为该蕴涵式的前件,把结论作为该蕴涵式的后件即可。例如:

(1)所有的人都是有理性的,有些美国人是人,所以,有些美国人是有理性的。

使用谓词逻辑的工具,可以把这个推理符号化为:

(1′) $\forall x(M(x) \to R(x)) \wedge \exists x(A(x) \wedge M(x)) \to \exists x(A(x) \wedge R(x))$

所谓关系推理,就是以关系命题作前提和结论的推理。例如:

(2)有的投票人赞成所有的候选人,所以,所有的候选人都有人赞成。

(3)如果任何一条鱼都比任何一条比它小的鱼游得快,那么,有一条最大的鱼就有一条游得最快的鱼。

使用谓词逻辑的工具,可以把这两个推理符号化为:

(2′) $\exists x(T(x) \wedge \forall y(H(y) \to Z(x,y))) \to \forall y(H(y) \to \exists x(T(x) \wedge Z(x,y)))$

(3′) $\forall x \forall y(F(x) \wedge F(y) \wedge D(x,y) \to K(x,y)) \to (\exists x(F(x) \wedge \forall y\,(F(y) \to D(x,y))) \to \exists x(F(x) \wedge \forall y\,(F(y) \to K(x,y))))$

由此可见,谓词逻辑的符号表达能力是足够强的,它不仅能够表达所有的性质命题,而且能够表达所有的关系命题,以及性质命题与关系命题相结合的推理。当然,日常语言中的许多副词如"必然""可能""应该""允许"等,有些动词如所谓的命题态度词"知道""相信""怀疑""断定"等,是谓词逻辑所不能表达的。

4 模型和赋值 普遍有效式

前面给出了谓词逻辑的符号和公式,下面对这些符号和公式进行解释,赋予它们以意义和真假。这是通过模型和赋值来实现的。

谓词逻辑语言的一个模型 U(亦称"解释")包括下列因素:

(Ⅰ) 一个个体域 D,即由具有一定性质的个体所构成的集合。当给定个体域之后,全称量词 ∀x 表示个体域中的所有个体,存在量词 ∃x 表示个体域中的某些个体。这就是说,全称量词、存在量词和约束个体变项的意义都确定了。

(Ⅱ) 个体常项在个体域 D 中的解释,即个体常项表示个体域中的某个特定个体。

(Ⅲ) 谓词符号在个体域 D 上的解释,即表示个体域中个体的性质和个体之间的关系。

如前所述,谓词逻辑的一个闭公式只含有这样一些成分,因此当给定模型 U 后,闭公式的意义就确定了,因而其真假也就确定了。例如,令个体域为自然数集合{1,2,3,……},个体常项 a 表示自然

数"1",F 表示"偶数",R 表示自然数集上的"小于关系",S 表示自然数集上的复合关系"…×…=…"。于是,

F(a)表示"1 是一个偶数",是一个假命题;

∀x∃yR(x, y)表示:"对于任一自然数,都可以找到另一个自然数,前者比后者小",也就是说,没有最大的自然数,这是一个真命题;

∀xS(x, a, x)是说:任一自然数与 1 相乘都等于该自然数本身,这是一个真命题。

但是,当一个公式中含有自由变项,即该公式本身是一个开公式时,它的意义尚不确定,因而其真假也不确定。例如,

∃yR(y, x)

是说:有的自然数小于某个自然数。究竟小于哪个自然数呢?这一点尚不确定。为了确定该公式的真值,必须先确定它究竟指哪个自然数。这是通过指派(记为 ρ)来确定的。ρ 一次给谓词逻辑语言中的所有自由变项指派个体域中的个体,但在一个具体的公式中只用到该指派的一部分。令自由变项 x,z 的指派值(记为 ρ(x),ρ(z))分别是 1 和 5,则

∃yR(y, x)是说:有的自然数小于 1,这是一个假命题;

∃yR(y, z)是说:有的自然数小于 5,这是一个真命题。

当给定指派之后,含自由变项的开公式也有了确定的意义,因而也有了确定的真假。于是,在模型 U 和指派 ρ 之下,谓词逻辑的所有公式都有了确定的意义,也有了确定的真假。也就是说,谓词

逻辑的语言得到了确定的解释。通常把一个模型 U 和模型 U 上的一个指派合称为一个赋值,记为 $\sigma = <U,\rho>$。

显然,对于自由变项 x,y,z,……的指派不止一种,例如 ρ_1 给 x 指派自然数 1,给 y 指派自然数 2,给 z 指派自然数 3;而 ρ_2 给 x 指派自然数 5,给 y 指派自然数 6,给 z 指派自然数 7,如此等等,不同指派的数目甚至可以无穷多。由于赋值 $\sigma = <U,\rho>$,因而有多少个不同的指派,就会派生出多少个不同的赋值。

如果一个谓词逻辑的公式,对于任何一个赋值它都为真,则称该公式为普遍有效式。普遍有效式是谓词逻辑的规律,谓词逻辑就是要找出所有的普遍有效式。

如果一个谓词逻辑的公式,对于任何一个赋值它都为假,则称该公式是一个不可满足式。不可满足式是谓词逻辑中的逻辑矛盾,是谓词逻辑力图排除的东西。

如果一个谓词逻辑的公式,对于有些赋值为真,对于有些赋值为假,则称该公式是可满足式,但它是非普遍有效式。

例如,下述公式都是谓词逻辑的普遍有效式,都是谓词逻辑的规律,因而可以用作有效推理的根据:

(1) $\forall xF(x) \rightarrow F(y)$

这是从一般到个别的推理:论域中所有个体是 F,蕴涵着论域中某个个体是 F。

(2) $F(y) \rightarrow \exists xF(x)$

这是从个别到存在的推理:论域中某个个体是 F,蕴涵着论域中有个体是 F。

(3) $\forall x(F(x) \vee \neg F(x))$

这是排中律在谓词逻辑中的表现形式:论域中的任一个体或者是 F 或者不是 F。

(4) $\neg \exists x(F(x) \wedge \neg F(x))$

这是矛盾律在谓词逻辑中的表现形式:论域中不存在个体既是 F 又不是 F。

(5) $\forall x F(x) \leftrightarrow \neg \exists x \neg F(x)$

这表明全称量词可以用存在量词来定义:所有 x 是 F,可以定义为:并非有些 x 不是 F。

(6) $\exists x F(x) \leftrightarrow \neg \forall x \neg F(x)$

这表明存在量词可以用全称量词来定义:有些 x 是 F,可以定义为:并非所有 x 都不是 F。

(7) $\forall x(F(x) \to G(x)) \to (\forall x F(x) \to \forall x G(x))$

这是全称量词对于蕴涵的分配律。

(8) $\forall x(F(x) \wedge G(x)) \leftrightarrow (\forall x F(x) \wedge \forall x G(x))$

这是全称量词对于合取的分配律。

(9) $\exists x(F(x) \vee G(x)) \leftrightarrow (\exists x F(x) \vee \exists x G(x))$

这是存在量词对于析取的分配律。

(10) $\exists x \forall y R(x, y) \to \forall y \exists x R(x, y)$

这是存在量词与全称量词的交换律,但它的逆公式不成立。

脑是手的主宰,手是脑的延伸。脑通过手去把想法变成现实。"手脑并用",是对这种状况的恰当描述。无脑之手,或无手之脑,都是一种残疾。前者是精神残疾,后者是肢体残疾。残疾都是完美的欠缺或对完美的破坏。

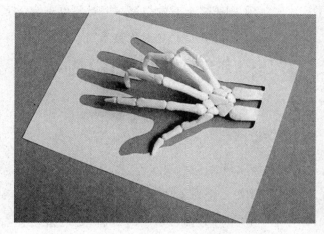

《手》,Peter Challesen,纸雕

5 二元关系的逻辑性质和排序问题

不同的关系有不同的逻辑性质。这里主要考虑二元关系的逻辑性质,即关系的自返性、对称性和传递性:

——关系 R 是自返的,当且仅当,对任一 x 而言,x 与它自身有 R 关系,即 R(x, x)成立。为简便起见,我们这里把所有不满足这一条件的关系都叫做"非自返关系"。例如,"等于""与……同一"是自返关系,而"大于""小于""欣赏""战胜"是非自返关系。

——关系 R 是对称的,当且仅当,对任一 x 和 y 而言,如果 R(x, y),则 R(y, x)。也就是说,如果第一个对象与第二个对象有 R 关系，则第二个对象与第一个对象也有 R 关系。这里把所有不满足这一条件的叫做"非对称关系"。例如，"等于""同学""相邻""接壤"是对称关系，而"爱""认识""相信""尊敬""大于""小于"是非对称关系。

一关系 R 是传递的，当且仅当，对任一 x、y 和 z 而言，如果 R(x, y) 并且 R(y, z)，则 R(x, z)。也就是说，如果第一个对象与第二个对象有 R 关系，并且第二个对象与第三个对象也有 R 关系，则第一个对象与第三个对象也具有 R 关系。例如，"大于""小于""在……之前""在……之后"是传递关系。如果已经知道关系 R 是传递的，并且又知道 R(x, y) 并且 R(y, z)，则可以推出 R(x, z)。我们把所有不满足这一条件的关系都叫做"非传递关系"，例如"朋友""认识""爱""战胜""父子"。

如果根据一个关系，能够在对象之间排出某种次序来，而且每个对象在这种次序中有一个唯一确定的位置，这样的关系叫做"偏序关系"，它必定满足非自返性、非对称性和传递性。例如，"大于""小于""快于""在……之前""在……之后""在……北边"等等，都是偏序关系。

例 1

甲和乙任何一人都比丙、丁高。

如果上述为真，再加上以下哪项，则可得出"戊比丁高"的结论？

A. 戊比甲矮。

B. 乙比甲高。

C. 乙比甲矮。

D. 戊比丙高。

E. 戊比乙高。

解析 "比……高"是一传递关系,要得到"戊比丁高"的结论,就需戊比某个人高,而这个人又比丁高,符合条件的只有选项 E "戊比乙高",由题干知道,乙比丁高,最后得到戊比丁高。因此,正确的选项是 E。

例 2

有四个外表看起来没有分别的小球,它们的重量可能有所不同。取一个天平,将甲、乙归为一组,丙、丁归为另一组,分别放在天平两边,天平是基本平衡的。将乙、丁对调一下,甲、丁一边明显要比乙、丙一边重得多。可奇怪的是,我们在天平一边放上甲、丙,而另一边刚放上乙,还没有来得及放上丁时,天平就压向了乙一边。

请你判断,这四个球由重到轻的顺序是什么?

A. 丁、乙、甲、丙;

B. 丁、乙、丙、甲;

C. 乙、丙、丁、甲;

D. 乙、甲、丁、丙;

E. 乙、丁、甲、丙。

解析 从题干可以得到三个关系命题:甲乙 = 丙丁,甲丁 > 丙乙,乙 > 甲丙。由"甲乙 = 丙丁"和"甲丁 > 丙乙",可以得到"丁 > 乙",由"甲乙 = 丙丁"和新推出的"丁 > 乙",又可以得到"甲 > 丙",

再加上"乙＞甲丙",就可排出它们四者之间由重到轻的顺序:丁、乙、甲、丙。因此,正确答案是 A。

例3

某学术会议正举行分组会议。某一组有 8 个人出席。分组会议主席问大家原来各自认识与否。结果是全组中仅有一个人认识小组中的三个人,有三个人认识小组中的两个人,有四个人认识小组中的一个人。

若以上统计属实,则最能得出以下哪项结论?

A. 会议主席认识小组中的人最多,其他的人相互认识的少;

B. 此类学术会议是第一次举行,大家都是生面孔;

C. 有些成员所说的认识可能仅是电视上或报告会上见过而已;

D. 虽然会议成员原来的熟人不多,但原来认识的都是至交;

E. 通过这次会议,小组成员都相互认识了,以后见面就能直呼其名了。

解析 从题干中的统计数字可以知道:统计中所说的"认识"是不对称的,至少有些人不是相互认识,而只是单向认识,即一个人认识另一个人,后者却不认识前者。最容易造成这种情况的是选项 C。从题干中得不出选项 A、B、D;选项 E 也不一定成立。因为假设会议只有一、两天,有人又不爱发言,以后见面仍可能不能直呼其名。因此,正确答案是 C。

六

爱做归纳的火鸡被送上餐桌，怪谁？

——归纳逻辑

历来处理科学的人，不是实验家，就是教条者。实验家像蚂蚁，只会采集和使用；推论家像蜘蛛，只凭自己的材料来织成丝网。而蜜蜂却是采取中道的，它在庭园里和田野里从花朵中采集材料，而用自己的能力加以变化和消化。哲学的真正任务就是这样，它既非完全或主要依靠心的能力，也非只把从自然历史或机械实验收集来的材料原封不动、囫囵吞枣地累置于记忆当中，而是把它们变化过和消化过放置在理解力之中。这样看来，要把这两种机能，即实验的和理性的这两种机能，更紧密地和更精确地结合起来（这是迄今尚未做到的），我们就可以有很多的希望。

——培根

　　培根(Francis Bacon,1561—1626),英国哲学家,实验科学的先驱者。其主要著作有:《论说文集》《学术的进展》《新工具》等。在逻辑学方面,他试图创立一种根本不同于亚里士多德逻辑的归纳逻辑,并具体阐述了搜集、整理经验材料的"三表法"。他的思想被英国哲学家、逻辑学家约翰·穆勒(John Stuart Mill,1806—1873)所继承和发展。

六　爱做归纳的火鸡被送上餐桌,怪谁?

尽管亚里士多德也讨论过简单枚举法和直觉归纳法,但对于归纳逻辑的极力鼓吹和系统研究却是始于英国哲学家培根(Francis Bacon,1561—1626)。据说培根在人品方面很成问题,早年为了出人头地,有些不择手段,晚年位居高官时,又因受贿而被判坐牢。关于这次审判,据说他曾这样说道:"我是英格兰这50年里最公正的审判官,但对我的审判却是200年来国会最公正的审判。"尽管如此,培根在哲学和科学方面的贡献却是不可否认的。他曾喊出一个著名的口号:"知识就是力量"。针对亚里士多德的《工具论》,他写了一部著作《新工具》,其中对亚氏三段论提出了严厉批评,并声称要创立一种全新的逻辑——归纳逻辑,具体提出了"三表法",即本质和具有表、缺乏表和程度表,以及排除法,用以从感觉经验材料抽象、概括出一般命题。后来,穆勒(John Stuart Mill, 1806—1873)在培根工作的基础上,更系统地阐述了寻求现象之间因果联系的五种方法:求同法、求异法、求同求异并用法、共变法和剩余法,通称

休谟(David Hume,1711—1776),苏格兰哲学家。其主要哲学著作有:《人性论》(1739—1740)、《人类理解研究》(1748)、《道德原则研究》(1752)和《自然宗教对话录》(1779)等。他对因果性和归纳法的怀疑把康德从其独断论的迷梦中惊醒。他与约翰·洛克(John Locke,1632—1704)及乔治·贝克莱(George Berkeley,1685—1753)并称英国三大经验论者。

"穆勒五法"。但英国哲学家休谟(David Hume,1711—1776)却对古典归纳逻辑提出了深刻的质疑,认为归纳推理不能从经验材料中发现、概括出具有必然性的一般规律。从此之后,归纳逻辑几乎不再研究如何从感觉经验材料中发现普遍命题的程序和方法,而是去研究感觉经验证据对某个一般性假说的确证程度,并引入概率论和数理统计作工具,发展出了概率归纳逻辑。这是现代归纳逻辑的主要形态。

1 从枚举事例中抽取结论

在一类事物中,根据已观察到的部分对象都具有某种属性,并且没有遇到任何反例,从而推出该类所有对象都具有该种属性。这

就是简单枚举法,其一般形式是:

S_1 是 P,

S_2 是 P,

⋮

S_n 是 P,

($S_1, S_2, \cdots S_n$ 是 S 类的部分对象)

所以,所有的 S 都是 P。

例1

人们早已知道,某些生物的活动是按时间的变化(昼夜交替或四季变更)来进行的,具有时间上的周期性节律,如鸡叫三遍天亮,青蛙冬眠春晓,大雁春来秋往,牵牛花破晓开放,等等。人们由此作出概括:凡生物的活动都受生物钟支配,具有时间上的周期性节律。

下述哪段议论的论证手法与上面所使用的方法不同?

A. 麻雀会飞,乌鸦会飞,大雁会飞,天鹅、秃鹫、喜鹊、海鸥等等也会飞,所以,所有的鸟都会飞。

B. 我们摩擦冻僵的双手,手便暖和起来;我们敲击石块,石块会发出火光;我们用锤子不断地锤击铁块,铁块也能热到发红;古人还通过钻木取火;所以,任何两个物体的摩擦都能生热。

C. 在我们班上,我不会讲德语,你不会讲德语,红霞不会讲德语,阳光也不会讲德语,所以我们班没有人会讲德语。

D. 外科医生在给病人做手术时可以看 x 光片,律师在为被告辩护时可以查看辩护书,建筑师在盖房子时可以对照设计图,教师备课可以看各种参考书,为什么独独不允许学生在考试时看教科书及其相关的材料?

E. 张山是湖南人,他爱吃辣椒;李司是湖南人,他也爱吃辣椒;王武是湖南人,更爱吃辣椒。我所碰到的几个湖南人都爱吃辣椒。所以,所有的湖南人都爱吃辣椒。

解析 题干中所使用的方法是简单枚举法,只有选项 D 所使用的是在不同事物之间进行类比,其方法与题干不同,其他各项都与题干相同。因此,正确答案是 D。

简单枚举法的结论是或然的,它的可靠性程度完全建立在枚举事例的数量及其分布的范围上。因此,要提高它的结论的可靠性,必须至少遵循以下要求:在一类事物中,(1) 被考察对象的数量要足够多;(2) 被考察对象的范围要足够广;(3) 被考察对象之间的差异要充分大。通常把样本过少、结论明显为假的简单枚举法称之为"以偏概全""轻率概括",例如,例 1 中的 C 以及下面这个例子都是轻率概括。有人论证说:"儿子都比老子伟大,例如世界上几乎人人都知道爱因斯坦,但有几个人知道爱因斯坦的爸爸呢?!"。

2 探求事物间的因果联系

通常所谓的"寻求因果联系的方法",是根据因果关系的某些特点,把某些明显不是被研究现象的原因的先行情况排除掉,而在其余的先行情况与被研究现象之间确立因果关系。因此,这种方法亦称"排除归纳法"。

因果关系的特点

因果联系是世界万物之间普遍联系的一个方面,也许是其中最重要的方面。一个(或一些)现象的产生会引起或影响到另一个(或一些)现象的产生。前者是后者的原因,后者就是前者的结果。科学的一个重要任务就是要把握事物之间的因果联系,以便掌握事物发生、发展的规律。

一般说来,因果关系的特点是:(1)普遍性,指任何现象都有它产生的原因,也有它所产生的结果,原因和结果总是如影随形,恒常伴随的。没有无因之果,也没有无果之因。并且,相同的原因永远产生相同的结果,但相同的结果却可以产生于不同的原因,等等。(2)共存性,指原因和结果总是在时空上相互接近的,并且总是共同变化的:原因的变化将引起结果的相应变化,结果的改变总是由原因的改变所引起。但因果之间的共存性也容易使人们倒因为果,或倒果为因,犯"倒置因果"的错误。例如,微生物入侵是造成有机物腐败的原因,而有人误认为有机物腐败才导致微生物入侵,这是倒因为果。又如,在19世纪的英国,勤劳的农民至少有两头牛,而好吃懒做的人通常没有牛。于是,某改革家建议给每位没有牛的农民两头牛,以便使他们勤劳起来。这是倒果为因。(3)先后性,即所谓的先因后果:一般说来,原因总是在先,结果总是在后。但是,也要注意"在此之后并非就是因此之故",也就是说先后关系不等于因果关系。例如,电闪和雷鸣先后相继,但电闪并不是雷鸣的原因,两者有一个共同的原因:带电云块之间的相互碰撞。把先后关系当做因果关系,就犯了"以先后为因果"的错误,后者是许多迷信、错误信念的根源。(4)复杂多样性,指因果联系是多种多样的,固然有"一因一果",但更多的时候是"多因一果",每一个原因单独来看都只是结果的必要条件,而不是充分条件。这些因素增加了正确地寻找因果关系的难度。

例 2

午夜时分,小约翰安静地坐着,把鼻子压在卧室的玻璃上。他非常希望此时是早晨,这样他就可以出去踢足球了。他平心静气,祈祷太阳早点升起来。在他祈祷的时候,天慢慢变亮了。他继续祈祷。太阳逐渐冒出地平线,升上天空。小约翰想了想所发生的事情,得出这样的结论:如果他祈祷的话,他就能够把寒冷而孤寂的夜晚变成温暖而明朗的夏日。他为自己感到自豪。

下面哪一个选项最合适地指明了小约翰推理中的缺陷?

A. 一件事情在他祈祷之后,并不意味着因为他祈祷而发生。

B. 太阳环绕地球运转,不管他祈祷还是不祈祷。

C. 小约翰只是个孩子,他懂得很少很少。

D. 他有什么证据表明:如果他不祈祷,该事情就不会发生?

E. 小约翰应该更多地学习天文学知识,他目前知道得太少。

解析 小约翰先祈祷,后来太阳就升起来了,于是他错误地以为:太阳升起来,是因为他虔诚地祈祷,他犯了"以先后为因果"的逻辑错误。选项 A 正确地指出了这一点。其他各项都不如选项 A 准确和恰当,故正确选项是 A。

因果关系的上述特点为我们寻找因果关系提供了向导和依据。例如,因果关系具有先后性,一般总是先因后果。因此,我们在寻找一个现象的原因时,就应该到它的先行现象中去寻找,而不应该在它的后续现象中去寻找。再如,因果关系具有共存性,因果总是共存并且共变的。因此,如果两个现象之间没有共变关系,就可以得出"它们之间没有因果关系"的结论。排除归纳法实际上就是根据因果关系的这样一些特点而设计的,其基本思路是:考察被研究现象出现的一些场合,在它的先行现象或恒常伴随的现象中去寻找它的可能的原因,然后有选择地安排某些事例或实验,根据因果关系的上述特点,排除一些不相干的现象或假设,最后得到比较可靠的结论。具体包括由培根先行提出、穆勒后来系统总结的"求因果五法":求同法、求异法、求同求异并用法、共变法和剩余法。

求同法

求同法亦称"契合法",是指这样一组操作:考察被研究现象出现的若干场合,找出此现象的先行现象;其中有些现象时而出现时而不出现,由于因果是恒常伴随的,因此这些现象肯定不是被研究现象的原因;在这些场合中保持不变的、总与被研究现象共同出现的那个先行现象,就有可能与被研究现象有因果关系。用公式表示如下：

场合1：有先行现象A、B、C，有被研究现象a；
场合2：有先行现象A、B、D，有被研究现象a；
场合3：有先行现象A、C、E，有被研究现象a；

所以，A（可能）是a的原因。

对求同法的挑战是：先行现象中表面的"同"可能掩盖着本质的"异"，表面的"异"可能掩盖着本质的"同"，并且相同的先行现象可能不止一个，而有好多个，等等。这些情况的出现都会对求同法的结论构成质疑。例如，一天晚上某人看了两小时书，并且喝了几杯浓茶，结果整夜没睡好觉；第二天晚上，他又看了两小时书，抽了许多烟，结果又失眠了；第三天晚上，他又读了两小时书，喝了大量咖啡，结果是再次失眠。按求同法，连着三个晚上失眠的原因似乎应该是"看两小时书"。这个结论显然是不对的。事实上，茶、烟、咖啡中的兴奋性成分才是他失眠真正的原因。再看一个MBA考题。

例3

光线的照射，有助于缓解冬季忧郁症。研究人员曾对九名患者进行研究，他们均因冬季白天变短而患上了冬季抑郁症。研究人员让患者在清早和傍晚各接受三小时伴有花香的强光照射。一周之内，七名患者完全摆脱了抑郁，另外两人也表现出了显著的好转。由于光照会诱使身体误以为夏季已经来临，这样便治好了冬季抑郁症。

以下哪项如果为真,最能削弱上述论证的结论?

A. 研究人员在强光照射时有意使用花香伴随,对于改善患上冬季抑郁症的患者的适应性有不小的作用。

B. 九名患者中最先痊愈的三位均为女性。而对男性患者治疗的效果较为迟缓。

C. 该实验均在北半球的温带气候中,无法区分南北半球的实验差异,但也无法预先排除。

D. 强光照射对于皮肤的损害已经得到专门研究的证实,其中夏季比起冬季的危害性更大。

E. 每天六小时的非工作状态,改变了患者原来的生活环境,改善了他们的心态,这是对抑郁症患者的一种主要影响。

解析 研究人员得出结论的方法就是求同法。选项 A 只是部分地重复了求同法的结论,并没有削弱它;选项 B、C、D 与该结论不相干;选项 E 表明,在先行现象或伴随现象中,除"伴有花香的强光照射"这一个共同情况外,还有"每天六小时的非工作状态"这一共同情况,后者改变了患者原来的生活环境,改善了他们的心态(这种心态是导致忧郁的主要原因)。因此,光线照射的增加与冬季忧郁症缓解这两者之间的联系,只是一种表面的非实质性联系。这就有力地削弱了题干的结论。所以,正确答案是 E。

求异法

求异法亦称"差异法",是指这样一组操作:考察被研究现象出现和不出现的两种场合,在这两种场合都出现的那些先行现象肯定不是被研究现象的原因,而在被研究现象出现时出现、在被研究现象不出现时不出现的那个先行现象,则(可能)与被研究现象有因果联系。用公式表示为:

场合 1:有先行现象 A、B、C,有被研究现象 a;
场合 2:有先行现象 B、C,没有被研究现象 a;

所以,A(可能)是 a 的原因。

例如,秋末冬初街道两旁的响杨开始落叶,但在高压水银灯下面的响杨树叶却迟迟不落,即使在同一棵树上也有这样的情况。这是为什么呢?人们很快想到这与高压水银灯照射有关。这个思维过程就使用了求异法。

求异法结论成立的条件是:在被比较的两种不同场合中,只有一个先行情况或伴随情况不同。这在实际生活中很难碰到,但在科学实验中却可以做到。因此,求异法在科学研究中常被采用,对比实验所根据的就是求异法。

例 4

京华大学的 30 名学生近日里答应参加一项旨在提高约会技巧的实习。在参加这项实习前一个月,他们平均已经有过一次约会。30 名学生被分成两组:第一组与 6 名不同的志愿者进行 6 次"实习性"约会,并从约会对象得到对其外表和行为的看法的反馈;第二组仅为对照组。在进行实习性约会前,每一组都要分别填写社交忧惧调查表,并对其社交的技巧评定分数。进行实习性约会后,第一组需要再次填写调查表。结果表明:第一组较之对照组表现出更少社交忧惧,在社交场合表现得更为自信,以及更易进行约会。显然,实际进行约会,能够提高我们社会交际的水平。

以下哪项如果为真,最可能质疑上述推断?

A. 这种训练计划能否普遍开展,专家们对此有不同的看法。

B. 参加这项训练计划的学生并非随机抽取的,但是所有报名的学生并不知道实验计划将要包括的内容。

C. 对照组在事后一直抱怨他们并不知道计划已经开始,因此,他们所填写的调查表因对未来有期待而填得比较悲观。

D. 填写社交忧惧调查表时,学生需要对约会的情况进行一定的回忆,男学生普遍对约会对象评价得较为客观,而女学生则显得比较感性。

E. 约会对象是志愿者,他们在事先并不了解计划的全过程,也不认识约会的实验对象。

解析 这个约会计划实际上是一个对比实验,所依据的就是求异法。如果 C 项为真,则对照组与实习组除了在所填写的调查表中显示出的差异外,还有另一个差异:实习组知道正在进行实验,而对照组并不知道这一点,他们实际的社交水平与状态比在调查表中填写的要好,这样作为题干根据的调查表差异就不成立,这对题干的结论提出了有力的质疑。选项 A、B、D、E 都与实验结论不相干。因此,正确答案是 C。

英国哲学家弗兰西斯·培根的代表性著作《新工具》(Novum Organum)。本书初版于1620年,是他未完成的巨著《伟大的复兴》的六个部分中的第二部分,是已完成部分的主体。后人出版了单行本。在这部书中,培根要为科学创立一种不同于亚里士多德的"工具"(三段论逻辑)的"新工具",即归纳法。该书是归纳逻辑和实验科学方法论方面的开山之作。

求同求异并用法

求同求异并用法亦称"契合差异并用法",是指这样一组操作:先在正面场合求同:在被研究现象出现的几个场合中,只有一个共同的先行情况;再在反面场合求同:在被研究现象不出现的几个场合中,都没有这个先行情况;最后,在正反场合之中求异,得出结论说:这个先行情况与被研究现象之间有因果联系。用公式表示如下:

正面场合:有先行现象 A、B、C,有被研究现象 a;
　　　　有先行现象 A、D、E,有被研究现象 a;
反面场合:有先行现象 F、G,没有被研究现象 a;
　　　　有先行现象 H、K,没有被研究现象 a;

所以,A(可能)是 a 的原因。

例如,以差不多的成绩考入一所大学的学生,经过一年学习以后,出现了成绩差异。经调查,成绩好的,都是学习努力的;成绩差下去的,都是学习不够努力的。经过比较,我们可以推断,学习刻苦努力是成绩好的原因。这里所应用的就是求同求异并用法。

共变法

根据因果关系的特点,原因和结果总是共存和共变的。因此,两个现象之间如果没有共变关系,则可以肯定它们之间没有因果关系;相反,如果两个现象之间有共变关系,则它们之间就可能有因果关系。这就是共变法的思路,即每当某一现象发生一定程度的变化时,另一现象也随之发生一定程度的变化,则这两个现象之间(可能)有因果联系。用公式表示为:

有先行现象 A_1,有被研究现象 a_1;
有先行现象 A_2,有被研究现象 a_2;
有先行现象 A_3,有被研究现象 a_3;

所以,A(可能)是 a 的原因。

在日常生活和生产实践中,共变法被人们广泛地使用着。许多仪表如体温表、气压表、水表以及电表等都是根据共变法的道理制成的。例如,物理学中的物体遇热膨胀的规律,就是应用共变法得来的。我们对一个物体加热,在其他条件不变的情况下,当物体的温度不断升高时,物体的体积就不断膨胀。因此可以得出结论:物体受热与物体体积膨胀有因果联系。应用共变法时至少要注意两点:(1)只有在其他因素保持不变时,才能说明两种共变现象有因果联系;(2)两种现象的共变是有一定限度的,超过这个限度,就不再有共变关系。

剩余法

剩余法是指这样一组操作:如果已知某一复杂现象是另一复杂现象的原因,同时又知前一现象中的某一部分是后一现象中的某一部分的原因,那么,前一现象的其余部分与后一现象的其余部分有因果联系。可用公式表示为:

A、B、C、D 是 a、b、c、d 的原因,
A 是 a 的原因,
B 是 b 的原因,
C 是 c 的原因,
_____
所以,D 与 d 之间有因果联系。

应用剩余法最典型的例子是居里夫人对镭的发现。她已知纯铀发出的放射线的强度,并且已知一定量的沥青矿石所含的纯铀数

量。她观察到一定量的沥青矿石所发出的放射线要比它所含的纯铀所发出的放射线强许多倍。由此,她推出在沥青矿石中一定还含有别的放射性极强的元素。

剩余法一般被用来判明事物复杂的因果联系,而且必须在判明了被研究对象的全部原因中的一部分原因的基础上才能使用。因此,要在其他几种求因果联系方法的基础上使用。

求因果联系方法的综合应用

在国内 MBA 逻辑考试中,有一种"说明解释型"考题,它在题干中给出某种需要说明、解释的现象,再问什么样的理由、根据、原因能够最好地解释该现象,或最不能解释该现象,即与该现象的发生不相干。

例 5

"试点综合症"的问题屡见不鲜。每出台一项改革措施,先进行试点,积累经验后再推广,这种以点带面的工作方法本来是人们经常采用的。但现在许多项目中出现了"一试点就成功,一推广就失败"的怪现象。

以下哪项不是造成上述现象的可能原因?

A. 在选择试点单位时,一般选择工作基础比较好的单位。

B. 为保证试点成功,政府往往给予试点单位许多优惠政策。

C. 在试点过程中,领导往往比较重视,各方面的问题解决得快。

D. 试点尽管成功,但许多企业外部的政策、市场环境却并不相同。

E. 全社会往往比较关注试点和试点的推广工作。

解析 根据因果关系的特点,不同的结果应由不同的原因或条件所引起。因此,凡是指明了试点和推广时面对着不同的环境条件的,都有助于解释该现象;凡是没有揭示这一点的,都无助于解释该现象。选项 A、B、C、D 都揭示了试点和推广时面临不同的条件,只有 E 没有说明这两种情形下的不同条件,因此它不是"一试点就成功,一推广就失败"这种怪现象的可能原因。正确答案是 E。

例 6

世界卫生组织在全球范围内进行了一项有关献血对健康影响的跟踪调查。调查对象分为三组。第一组对象中均有两次以上的献血记录,其中最多的达数十次;第二组中的对象均仅有一次献血记录;第三组对象均从未献过血。调查结果显示,被调查对象中癌症和心脏病的发病率,第一组分别为 0.3% 和 0.5%,第二组分别为 0.7% 和 0.9%,第三组分别为 1.2% 和 2.7%。一些专家依此得出结论,献血有利于减少患癌症和心脏病的风险。这两种病不仅在发达国家而且也在发展中国家成为威胁中老人生命的主要杀手。因此,献血利己利人,一举两得。

以下哪项如果为真,将削弱以上结论?

Ⅰ. 60 岁以上的调查对象,在第一组中占 60%,在第二组中占

70%,在第三组中占 80%。

Ⅱ. 献血者在献血前要经过严格的体检,一般具有较好的体质。

Ⅲ. 调查对象的人数,第一组为 1700 人,第二组为 3000 人,第三组为 7000 人。

A. 只有Ⅰ。

B. 只有Ⅱ。

C. 只有Ⅲ。

D. 只有Ⅰ和Ⅱ。

E. Ⅰ、Ⅱ和Ⅲ。

解析 这个调查实际上也是一个对比实验,所依据的是求异法。这个调查的结论要成立,则要求被调查对象除了献血与不献血的差异外,在其他方面没有重要的差别。如果能发现情况不是如此,则对其结论构成削弱。

Ⅰ. 能削弱题干的结论。因为在三个组中,60 岁以上的被调查对象呈 10% 递增,而题干断定,癌症和心脏病是威胁中老人生命的主要杀手,因此有理由认为,三个组的癌症和心脏病发病率的递增,与中老年人比例的递增有关,而并非说明献血有利于减少患癌症和心脏病的风险。

Ⅱ. 能削弱题干的结论。因为如果献血者一般有较好的体质,则献血记录较高的调查对象,一般患癌症和心脏病的可能性就较小。因此,并非是献血减少了他们患癌症和心脏病的风险。

Ⅲ．不能削弱题干。因为题干中进行比较的数据是百分比，被比较各组的绝对人数的一定差别，不影响这种比较的说服力。

所以，正确答案是 D。

例 7

英国研究各类精神紧张症的专家们发现，越来越多的人在使用网络之后都会出现不同程度的不适反应。根据一项对 10000 个经常上网的人的抽样调查，承认上网后感到烦躁和恼火的人数达到了三分之一；而 20 岁以下的网迷则有百分之四十四承认上网后感到紧张和烦躁。有关心理专家认为确实存在着某种"互联网狂躁症"。

根据上述资料，以下哪项最不可能成为导致"互联网狂躁症"的病因？

A. 由于上网者的人数剧增，通道拥挤，如果要访问比较繁忙的网址，有时需要等待很长时间。

B. 上网者经常是在不知道网址的情况下搜寻所需的资料和信息，成功的概率很小，有时花费了工夫也得不到预想的结果。

C. 虽然在有些国家使用互联网是免费的，但在我国实行上网交费制，这对网络用户的上网时间起到了制约作用。

D. 在网络上能够接触到各种各样的信息，但很多时候信息过量会使人们无所适从，失去自信，个人注意力丧失。

E. 由于匿名的缘故，上网者经常会受到其他一些上网者的无礼对待或接收到一些莫名其妙的信息垃圾。

在埃舍尔的笔下,生活在二维平面的小怪兽一直行走,到达与平面垂直的镜子,走出镜子后成为三维世界中的生物。它们比平面中的生物更加形象,具有更多的细节。

维度的增加意味着角度、细节的增加和丰富。在考虑问题时也应该如此。从其他维度进行思考,找到思维的魔镜,挣脱已有的束缚,思想才会鲜活起来,才具有生命力。

《神奇的镜子》,埃舍尔

解析 选项 A、B、D、E 所说的等待时间长,成功概率低,冗余信息和垃圾信息,受到无礼对待,都可能是导致"互联网狂躁症"的病因。相比之下,选项 C 所说的上网交费制则有可能减少、限制上网时间,因而有可能减轻互联网狂躁症,所以它不是造成互联网狂躁症的原因。正确答案是 C。

3 能近取譬,举一反三

类比推理

类比推理是根据两个或两类事物在一系列属性上相似,从而推出它们在另一个或另一些属性上也可能相似的推理。其一般形式是:

A(类)对象具有属性 a、b、c、d,
B(类)对象也具有属性 a、b、c,
———————————————————
B(类)对象也可能具有属性 d。

类比推理能够使人们举一反三,触类旁通,获得创造性的启发或灵感,从而找到解决难题之道。在现代科学中,类比推理的重要应用就是模拟方法,即在实验室中模拟自然界中出现的某些现象或过程,构造出相应的模型,从模型中探讨其规律。而仿生学的出现则是应用模拟方法的结果。仿生学是研究如何通过模仿生物的构造及其功能来建造先进技术装置的科学。

类比结论是或然的,也就是说可能为假,因为事物之间固然有相似之处,但也有差别所在。于是,从两个或两类事物在某些地方相似,推出它们在另外的地方仍相似的结论就不具有必然性。类比结论的可靠性程度取决于许多因素,例如两个或两类事物之间相似属性的数量,它们之间相似方面的相关性,它们之间不相似方面的相关性,其中最重要的是它们的已知相同属性与推出属性之间的相关程度:其相关程度越高,类比结论的可靠性越大;其相关程度越小,类比结论的可靠性越小,两者之间成正比。

例8

甲的轿车与乙的轿车有相同的颜色和外形,并且价钱也差不多,而甲的轿车的最高时速是180公里,因此,乙的轿车的最高时速也是180公里。

解析 在这个例子中,相同属性与推出属性之间的相关程度比较低,因为轿车的时速与它的颜色、外形几乎完全不相干。但是,在下一个例子中,相同属性与推出属性的相关程度就比较高,结论为真的可能性比较大。

例9

甲的轿车与乙的轿车有相同的自重和马力,性能和质量也差不多,而甲的轿车的最高时速是180公里,因此,乙的轿车的最高时速也是180公里。

人们通常把违背常识、结论明显为假的类比称为"机械类比"或"荒唐类比",例如:"婚前性行为可以说势在必行。无论如何,在买鞋之前,你总不能不让人先试一下鞋。""想来你绝不会每天吃一勺砒霜。那我就不能理解你为什么还要抽烟。它们都是要你的命的呀!"

例 10

某市繁星商厦服装部在前一阵疲软的服装市场中打了一个反季节销售的胜仗。据统计繁星商厦皮服的销售额在 6、7、8 三个月连续成倍数增长,6 月 527 件,7 月 1269 件,8 月 3218 件。市有关主管部门希望在今年冬天向全市各大商场推广这种反季节销售的策略,力争在今年 11、12 月和明年 1 月使全市的夏衣销售能有一个大突破。

以下哪项如果为真,能够最好地说明该市有关主管部门的这种希望可能会遇到麻烦?

A. 皮衣的价格可以在夏天一降再降,是因为厂家可以在皮衣淡季的时候购买原材料,其价格可以降低 30%。

B. 皮衣的生产企业为了使生产销售可以正常循环,宁愿自己保本或者微利,把利润压缩了 55%。

C. 在盛夏里搞皮衣反季节销售的不只是繁星商厦一家。但只有繁星商厦同时推出了售后服务,由消协规定的三个月延长到七个月,打消了很多消费者的顾虑,所以在诸商家中独领风骚。

D. 今年夏天繁星商厦的冬衣反季节销售并没有使该商厦夏衣的销售获益,反而略有下降。

E. 根据最近进行的消费者心理调查的结果,买夏衣重流行、买冬衣重实惠是消费者的极为普遍的心理。

解析 市有关主管部门的建议依据类比推理:夏季反季节销售冬季服装获得成功,因此若在冬季反季节销售夏季服装也将获得成功。显然这个类比结论是可错的,题目所要求的就是找出使这个类比不成立的理由。选项 A、B、C 都只是部分地说明了繁星商厦反季节销售冬装取得成功的原因,与"反季节销售夏装是否会取得成功"毫不相干;选项 D 只是陈述了一个事实,即上述类比的结论是假的,并没有说明类比不成功的原因。而选项 E 则解释了原因:买冬衣重实惠,在夏天买冬衣便宜,所以夏季反季节销售容易取得成功;买夏衣重流行,而在冬天无法知道来年夏天流行什么,因此冬季反季节销售夏衣不大容易取得成功。

比较方法

比较是确定事物之间相同点和相异点的思维方法,通过比较,既可以认识具体事物之间的相似,也可以了解具体事物之间的差异,从而为进一步的科学分类提供基础。

比较方法的主要类型有:(1)纵向比较和横向比较。前者是将同一或同类事物在不同历史形态下的具体情况进行比较,具有历史性、时间顺序性和纵深感等特点,亦称"历史比较法"。后者是将同一水平横断面上的不同事物,按照某种同一性标准进行比较,例如把中国目前的 GDP(国民生产总值)与美国的 GDP 进行比较,以明白两个国家的实力对比和差距。当然,也可以同时进行纵向比较和横向比较。(2)定性比较和定量比较。前者是比较反映事物本质属性的某些特征,从而来确定各个事物的质的规定性。后者是比较不同事物的数量特征,以确定各个事物的量的规定性。

比较要遵循以下逻辑原则:(1)必须在同一关系下进行比较;(2)应就事物的内在关系进行比较;(3)要有确定的比较标准。

在比较方面常见的错误有:(1)表面上在进行比较,但不设定供比较的对象,实际上根本没有比较。例如,"精制面包的营养高出30%","我们厂的电冰箱便宜345元"。就后一句而言,比谁便宜?是与该厂冰箱去年的价格相比?还是与同类型冰箱中质量最好因而价格最贵的相比?或者是与同类冰箱中最便宜的相比?不提供这样的背景信息,上述表面上的比较就毫无意义。(2)不设定比较的根据或基础,在不同的基础上进行比较,或者把本来不可比的对象、数据拿来强做比较。

例 11

在美国与西班牙作战期间,美国海军曾经广为散发海报,招募兵员。当时最有名的一个海军广告是这样说的:美国海军的死亡率比纽约市民的死亡率还要低。海军的官员具体就这个广告解释说:"根据统计,现在纽约市民的死亡率是每千人有16人,而尽管是战时,美国海军士兵的死亡率也不过每千人只有9人。"

如果以上资料为真,则以下哪项最能解释上述这种看起来很让人怀疑的结论?

A. 在战争期间,海军士兵的死亡率要低于陆军士兵。

B. 在纽约市民中包括生存能力较差的婴儿和老人。

C. 敌军打击美国海军的手段和途径没有打击普通市民的手段和途径来得多。

D. 美国海军的这种宣传主要是为了鼓动入伍,所以,要考虑其中夸张的成分。

E. 尽管是战时,纽约的犯罪仍然很猖獗,报纸的头条不时地有暴力和色情的报道。

解析 广告中的比较是荒唐的,说严重一点是在欺骗。因为海军士兵几乎都是青壮年,身体健康;而纽约市民中却包括老、幼、病、弱、残,这些人生存能力很弱,很容易夭亡,选项 B 正好指出了这一点。选项 A 与题干无关;C 明显不实;E 不能提供所需要的解释,因为一个城市暴力犯罪所导致的伤亡不可能大到比战场伤亡更大的程度;D 项轻度质疑题干中的结论,而不是解释它。因此,正确答案是 B。

4 从假说演绎出观察结论

假说演绎法是指这样一组操作:在科学研究过程中,研究者在观察、实验的基础上,对所获得的事实材料进行加工制作,首先提出某种作为理论基本前提的猜测性假说,然后从它们逻辑地演绎出一组具体结论,交付观察或实验去检验。若这些结论被证实,则该假说得到一定程度的支持;若被证伪,则说明该假说至少存在某些问题,需要修改甚至抛弃。循此方法不断重复,我们将会达到可靠性越来越高的假说。假说演绎法包括假说的提出、假说的展开和假说的检验三个关键步骤。这中间既有归纳性成分,又有演绎性因素,但从整体上来说,假说演绎法是扩展性推理或论证,属于广义归纳的范围。

在假说的提出阶段,类比、想象、直觉、顿悟起一定作用,溯因推理也起一定作用。所谓溯因推理,是指这样一种操作程序:从某个待解释现象出发,若运用某个一般性规律就能解释该现象何以如此发生,由此就推出该一般规律有可能成立。其一般形式是:

待解释现象 e
如果 h,则 e
―――――――
所以,h

例如,某人身体发高烧。如何解释这一现象?最有可能的解释就是他患了重感冒,因为如果患重感冒的话,通常会发高烧。再如,在 19 世纪 40 年代,F. W. 贝塞尔为了应用牛顿定律去解释天狼星位置的周期性摆动现象,提出天狼星有一个伴星,而它们两者围绕着共同的引力中心运行的假说。

由于因果关系的复杂性,能够解释某一现象的假说常常不是单一的,而有好多个。因此,溯因推理的复杂形式是:

待解释现象 e
如果 h_1 或者 h_2 或者 h_3 … 或者 h_n,则 e
并非 h_1
并非 h_2
并非 h_3
⋮
―――――――――――――――――――
所以,h_n

还用发高烧的例子。能够解释这一现象的原因有好多个,例如患重感冒,患肺炎,或者伤口严重感染,等等。然后,分别从某一个假设如患重感冒出发,推出患者还应该有其他一些症状,检验他是否有这些症状,从而得出他是否患有某种疾病的诊断结论。

很明显,溯因推理是假言推理的肯定后件式,从形式上说不是有效的,即它不能保证从真前提得出真结论,它所能提供的是某个猜测、某个假说、某种启发性思路。但它却是一种十分重要的思考形式,因为对于未知的现象,本来就没有万无一失的方法、程序、模式和准则。

在假说的展开阶段,主要运用演绎推理,即从假说出发,加上其他已经确证的科学理论和逻辑工具,推演出一些可供实践检验的结论。

在假说的验证阶段,主要对从假说推演出的结论进行实践检验,从而确定该假说是否成立。由于观察有理论的负荷,并且推出某个观察结论时不仅利用了该假说,而且利用了许多其他的理论,因此对假说的证实或证伪都具有一定的相对性。

伽利略的《关于托勒密和哥白尼两大世界体系的对话》一书出版于1632年,提出了全新的宇宙理论。结果,宗教裁判所命令伽利略说清楚为什么要质疑传统观念。伽利略在压力之下被迫宣称地球是宇宙中静止不动的中心,但他私底下仍然咕哝了一句:"但地球还是在转动啊!"

5　事件、样本和推测

抽样统计方法

先从一个例子谈起：

例 12

尽管城市居民也并非事事如意，但他们还是比农村同胞更少心理健康方面的问题。……该项调查征询了 6700 名成年人，他们分别居住在六个社区之中，这些社区分布在大至 300 万人口的城市，小到不足 2500 人的城镇。其结果以被征询者的口述为基础，包括失眠、现在和过去的神经崩溃等症状。居住在人口超过五万的城市中的居民，其所提及的症状要比人口不足五万的城镇中的居民低几乎 20%。

解析　我们可以把这段论辩的结构整理如下：结论是"城市居民比农村同胞更少心理健康方面的问题"，论据是"一项调查显示，居住在人口超过五万的城市中的居民，其所提及的症状要比人口不足五万的城镇中的居民低几乎 20%"。这里利用了抽样统计得来的数据去证实该结论。

在统计学中，某一被研究领域的全部对象，叫做总体；从总体中抽选出来加以考察的那一部分对象，叫做样本。统计推理是由样本具有某种属性推出总体也具有某种属性的推理，即从 S 类事物经考察的对象中有 n%（0 < n < 100）具有性质 P，推出在 S 类的所有对象

中 n% 具有性质 P。在例 12 中,对象总体是某个国家的城市和农村的居民;样本是从六个社区中选取出来的 6700 名居民;要考察的特征是心理健康与居住环境的关联。

统计结论的可靠性主要取决于样本的代表性。只有从能够代表总体的样本出发,才能得到关于总体的可靠结论。一般从抽样的规模、抽样的广度和抽样的随机性三个方面去保证样本的代表性。更具体地说,(1) 要加大样本的数量,以便消除误差;(2) 要采用分层抽样的方法,从总体的各个"层"去选取样本;(3) 不带任何偏见地随机抽样。这最后一点可以说是最难做到的,偏见可能无意识地渗透到调查问卷的表格、问题以及说话的语气、身体姿势等等之中,它可能无孔不入、防不胜防。因此,对于任何一个抽样统计结果,你都可以从这些角度去质疑它的可靠性。

例 13

据对一批企业的调查显示,这些企业总经理的平均年龄是 57 岁,而在 20 年前,同样的这些企业的总经理的平均年龄大约是 49 岁。这说明,目前企业中总经理的年龄呈老化趋势。

以下哪项,对题干的论证提出的质疑最为有力?

A. 题干中没有说明,20 年前这些企业关于总经理人选是否有年龄限制。

B. 题干中没有说明,这些总经理任职的平均年数。

C. 题干中的信息,仅仅基于有 20 年以上历史的企业。

D. 20 年前这些企业的总经理的平均年龄,仅是个近似数字。

E. 题干中没有说明被调查企业的规模。

解析 题干的结论涉及包括新老企业在内的目前各种企业,按理应该从各种企业中分层、随机抽样,以确保样本的代表性。正如C项所指出的,题干的论据仅仅涉及有20年以上历史的老企业,缺乏代表性,特别是这种老企业在目前的企业中所占比例不大时更是如此,因此题干结论的可信度较低。这样,C项对题干结论提出了有力质疑。其余各项均不能构成对题干的质疑。正确答案是C。

例14

为了估计当前人们对管理基本知识掌握的水平,《管理者》杂志在读者中开展了一次管理知识有奖问答活动。答卷评分后发现,60%的参加者对于管理基本知识掌握的水平很高,30%左右的参加者也表现出了一定的水平。《管理者》杂志因此得出结论,目前社会群众对于管理基本知识的掌握还是不错的。

以下哪项如果为真,则最能削弱以上结论?

A. 管理基本知识的范围很广,仅凭一次答卷就得出结论未免过于草率。

B. 掌握了管理基本知识与管理水平的真正提高还有相当的距离。

C. 并非所有《管理者》的读者都参加了此次答卷活动,其信度值得商榷。

D. 从发行渠道看,《管理者》的读者主要是高学历者和实际的经营管理者。

E. 并不是所有人都那么认真。有少数人照抄了别人的答卷，还获了奖。

解析 选项 B 与题干结论无关，选项 A、C、E 对题干结论构成轻度质疑，C、E 在质疑抽样数据的可靠性和可信性，但比较而言，D 项的质疑最根本：因为题干结论涉及"目前社会群众"，而样本是《管理者》杂志的读者，选项 D 指出，《管理者》的读者主要是高学历者和实际的经营管理者。由此可以看出，这些样本相对于目前社会群众来说，不具有代表性。因此，无论这次抽样的统计结果是什么，都不能直接推广到总体上去。如果选项 D 真，最能削弱题干的结论。假如题干结论不是涉及"目前的社会群众"，而是只涉及《管理者》的读者，抽样结果是能够支持结论的。

谨防"精确"数字陷阱

在当代社会，各种数字、数据、报表满天飞，频频出现在电视广告、新闻报道、报刊通讯、杂志文章和专门著作之中，例如国民经济增长速度，某个城市居民的收入水平，消费物价指数，空气污染指数，某电视节目的收视率，书店的畅销书排行榜，某一商品的客户满意率，某一偏方对某一疾病的治愈率，全国烟民人数及其在总人口中所占的百分比，吸食毒品、卖淫的人数及其增长速度，同性恋者在总人口中所占比例，艾滋病的流行趋势，夫妻中在家里对配偶施暴的人数以及男女各占的比例，如此等等，不一而足。我们确确实实生活在一个"数字化"的社会或时代中。我们当然不能对这些数字、数据、报表进行无端的怀疑,但也实在应该对它们保持必要的警惕,人们是如何得到这些数字和数据的?关于那些看起来不太可能弄得太清楚、太准确的问题,他们为什么会有那么清楚、准确的数字或数据?他们获得这些数字、数据的方法和途径是什么?这些方法和途径可靠吗?这些数字、数据的可信度高吗?这是每一个有正常理性的人都必须经常问自己的问题。正如"谎言重复千百遍就会被误以为是真理"一样,一个人长期处于各种错误信息的包围之中,处在不可靠的数字、数据、报表的包围之中,久而久之也会有意无意地把它们当做真实的东西加以接受,从而作出错误的判断和决策。因此,对"精确"数字保持必要的怀疑,这是一种明智的、理性的态度。

(1) 平均数陷阱

我们几乎每天都会与"平均"打交道:"我的工作能力和业绩在平均水平以上,工资接近平均水平,住房面积在平均水平以下",等等。有三种不同的平均数:第一种将所有数值加起来,再用这个相加之和去除累加的数值的个数。这是最常见的平均数。例如,一个单位有98人,把98人的工资相加后再除以98,就得到这个单位的平均工资数。第二种将所有数字从高到低排列起来,找到处于数列中间的那个数字,此数字为中位数,也是平均数的一种形式。它的获得相当于"去掉一个最高分,去掉一个最低分;再去掉一个最高分,去掉一个最低分……"。第三种列出所有数值,然后计算每一个不同的数值或值域,最常出现的数值叫做众数,也是平均数的一种形式。但众数在日常生活中较少应用,用得最多的是第一种平均数。

除了弄清平均数的三种不同形式外,还要特别注意其中最大值和最小值之间的差异(范围),以及每个数值出现的次数(分布)。不然,平均数就有可能成为一种陷阱。例如,"本市平均的空气污染指数已降到警戒线以下",但你切不要以为生活在本市就十分安全,因为可能你所生活的那个社区,或你所工作的那个单位是本市污染最严重的社区或单位,假如你继续在该社区生活或在该单位工作,就会严重地损害你的健康。

在图中,那只羊似乎望着它的来处,也许像人那样在思考:我来自哪里?去往何方?如何过一种有意义的生活?是什么东西、哪些要素赋予生活以意义?……如果真是这样,这只羊就是羊群中的"哲学家"了。

《羊》,Peter Challesen,纸雕

例 15

某人在所在企业破产后,打定主意要重新找一门工资较高的工作,一天他看到一幅招聘广告:"本公司现有员工 19 名,现诚聘 1 名技术工人。本公司人均月薪 3200 元以上。"于是,他高兴地去应聘,并很幸运地被录取了,但他第一个月拿到的正常月薪只有 500 元。他说该公司的招工广告说谎,但该广告确实没有说谎。

增加以下哪一点最能解释上述事实:

A. 这个公司本月效益不太好;

B. 他的工作小有瑕疵;

C. 他与公司经理关系不大好;

D. 该公司的平均工资是这样计算出来的:经理月薪 25000 元,经理女秘书月薪 15000 元,两名中层主管月薪 10000 元,其他员工月薪 500 元。

E. 这个公司是一个高技术公司。

解析 注意题干中"正常月薪"几个字,增加选项 A、B、C 会与它相抵触;选项 E 与题干所问不相干;而 D 能够解释题干所设定的事实。因此,正确答案是 D。

(2) 莫名其妙的百分比

在我们的日常生活中,到处都可能碰到百分比。不过,对于它们我们要弄清楚的第一件事情,就是该百分比所赖以计算出来的那个基数。

例 16

(1) 我们厂的电视机销售比去年增加 50% 以上,而我们的竞争对手只增加不到 25%。

(2) 犯罪浪潮正在席卷本市,去年的杀人案件增长了近 80%!

解析 这两个例子都遗漏了至关重要的信息:该百分比所依据的绝对数字。假如"我们"的销售是从 1 万台增加到 15500 台(50% 以上),而"我们"的竞争对手却是从 50 万台增加到 61.5 万台(不到 25%)。孰优孰劣,谁涨谁消,岂不是一目了然吗?!如果你弄清楚了本市是一个人口一千多万的城市,去年的杀人案件是 6 件,今年的杀人案件是 10 件(增长近 80%),你对本市安全状况的担忧也许会大大地减轻,甚至会庆幸自己生活在这个城市之中。

对于百分比,我们要问的第二个问题:该百分比所表示的绝对总量。该百分比虽小,但绝不意味着它所体现的数字同样貌不惊人。

例 17

说我们滥杀无辜,这是污蔑和造谣!我们所杀的是只占全国总人口 0.01% 的少数坏蛋。

解析 假如这个国家总人口为 8.7 亿,杀掉 0.01% 就意味着杀掉了 870 万人,相当于欧洲的一个比较大的国家的全国人口。难道杀得还不够多吗?!

对于百分比,我们要关注的第三个问题是:警惕有人为了某种目的,选用合乎需要的基础数据,使百分比(合乎需要地)显得畸大或畸小。例如,在显示艾滋病流行程度时,我们可以以全国总人口为基数,这样计算出来的百分比会很小;也可以选用吸毒、卖淫、同性恋人口为基数,这样计算所得的百分比会较大。

例 18

近期一项调查显示:在中国汽车市场上,按照女性买主所占的百分比计算,日本产"星愿"、德国产"心动"和美国产"EXAP"这三种轿车名列前三名,因为在这三种车的买主中,女性买主分别占58%、55%和54%。但是,最近连续6个月的女性购车量排行榜,却都是国产的富康轿车排在首位。

以下哪项如果为真,最有助于解释上述矛盾?

A. 某种轿车女性买主占全部轿车买主总数的百分比,与某种轿车买主中女性所占百分比是不同的。

B. 排行榜的设立,目的之一就是引导消费者的购车方向。而发展国产汽车业,排行榜的作用不可忽视。

C. 国产的富康轿车也曾经在女性买主所占的百分比的排列中名列前茅,只是最近才落到了第四名的位置。

D. 最受女性买主的青睐和女性买主真正花钱去购买是两回事,一个是购买欲望,一个是购买行为,不可混为一谈。

E. 女性买主并不意味着就是女性来驾驶,轿车登记的主人与轿车实际的使用者经常是不同的。而且,单位购车在国内占到了很重要的比例,不能忽略不计。

解析 题干断言,在近期中国汽车的女性市场上,星愿、心动和 EXAP 名列前三;同时它又断言,在女性购车量排行榜中,富康位居榜首。这些断言看似相互矛盾,其实并不矛盾。因为两个排名的依据不同:前一排名依据某种轿车的买主中女性买主所占百分比,后一排名依据女性实际购车量,它与前一个百分比没有直接关联,而与富康车女性买主占全部轿车买主总数的百分比相关联。例如,设全年共卖去 85 万辆轿车,富康车的女性买主所占百分比为 1%,则女性购买富康车 8500 辆;尽管女性买主占日产星愿车买主的 58%,但由于星愿车总共卖出去不到一万辆,相应的女性购买星愿车最多不超过 6000 辆。A 项正是指出了这一点,因此有助于解释题干中似乎存在的矛盾。其余各项都无助于解释这一点。所以,正确答案是 A。

例 19

据国际卫生与保健组织 1999 年年会"通讯与健康"公布的调查报告显示,68% 的脑癌患者都有经常使用移动电话的历史。这充分说明,经常使用移动电话将会极大地增加一个人患脑癌的可能性。

以下哪项如果为真,则将最严重地削弱上述结论?

A. 进入 20 世纪 80 年代以来,使用移动电话者的比例有惊人的增长。

B. 有经常使用移动电话的历史的人在 1990 年到 1999 年超过世界总人口的 65%。

C. 在1999年全世界经常使用移动电话的人数比1998年增加了68%。

D. 使用普通电话与移动电话通话者同样有导致脑癌的危险。

E. 没有使用过移动电话的人数在90年代超过世界总人口的50%。

解析 正确答案是B。如果B项断定为真,说明在世界总人口中,有经常使用移动电话历史的人所占的比例,已接近在脑癌患者中有经常使用移动电话历史的人所占的比例,这就严重削弱了题干的结论。正如一份对中国人的调查显示,肺癌患者中90%以上都是汉族人,由此显然不能得出结论,汉族人更容易患肺癌,因为汉族人本身就占了中国人的90%以上。其余各项均不能削弱题干的结论。

6 归纳方法是合理的吗?

英国哲学家伯特兰·罗素曾谈到一个关于火鸡的故事。在火鸡饲养场里,有一只火鸡发现:第一天,主人一打铃后就给它喂食。然而,作为一个卓越的归纳主义者,它并不马上作出结论,它继续搜集有关主人打铃与给它喂食之间的联系的大量观察事实;而且,它是在多种情况下进行这些观察的:雨天和晴天,热天和冷天,星期三和星期四……。它每天都在自己的记录表中加进新的观察陈述。最后,它的归纳主义良心感到满意,通过归纳推理得出了下述结论:"主人打铃后就会给我喂食。"可是,事情并不像它所想象的那样简单和乐观。在圣诞节前夕,当主人打铃后它跑出觅食时,主人却把它抓起来并把它宰杀、烹调之后,送上了餐桌。于是,火鸡通过归纳概括而得到的结论就被无情地推翻了。那么,爱做归纳的火鸡最终被送上了餐桌,这究竟怪谁呢?或者说,火鸡究竟错在哪里呢?

这实际上是有关归纳的合理性问题。关于归纳,可以区分出三类问题:(1) 心理学问题。着重探讨归纳推理的起源,发现或得到归纳结论的心理过程和心理机制,以及对某个归纳结论所持的相信或拒斥的心理态度及其理由等。(2) 逻辑问题。着重探讨归纳结论与观察证据之间的逻辑联系,或者说归纳过程的推理机制。(3) 哲学问题。主要探讨归纳推理是否能得必然性结论,如果不能得必然性结论,那么它的合理性何在?如何为它的合理性辩护?这叫做"归纳的合理性及其辩护问题",它是由休谟在《人性论》第一卷(1739)及其改写本《人类理解研究》(1748)中提出来的,因此亦称"休谟问题"。

休谟从经验论立场出发,对因果关系的客观性提出了根本性质疑,其中隐含着对归纳合理性的根本性质疑。他把人类理智的对象分为两种:观念的联系和实际的事情,相应地把人类知识也分为两类:关于观念间联系的知识,以及关于实际事情的知识。前一类知识并不依赖于宇宙间实际存在的事物或实际发生的事情,只凭直观或证明就能发现其确实性如何。而关于事实的知识的确实性却不能凭借直观或证明来发现,例如设想"太阳过去一直从东方升起"与"太阳明天将从西方升起"并不包含矛盾。那么,关于事实的知识或推理的根据何在？休谟指出:"一切关于事实的推理,看来都是建立在因果关系上面的。只要依照这种关系来推理,我们便能超出我们的记忆和感觉的证据以外"。他继续分析说,"从原因到结果的推断并不等于一个论证。对此有如下明显的证据:心灵永远可以构想由任何原因而来的任何结果,甚至永远可以构想一个事件为任何事件所跟随;凡是我们构想的都是可能的,至少在形而上学的意义上是可能的;而凡是在使用论证的时候,其反面是不可能的,它意味着一个矛盾。因此,用于证明原因和结果的任何联结的论证,是不存在的。这是哲学家们普遍同意的一个原则。"于是,休谟得出结论说:"一切因果推理都是建立在经验上的,一切经验的推理都是建立在自然的进程将一律不变地进行下去的假定上的。我们的结论是:相似的原因,在相似的条件下,将永远产生相似的结果。"但休谟继续质疑说,关于自然齐一律的假定不可能获得逻辑的证明:显然,亚当以其全部知识也不能论证出自然的进程必定一律不变地继续进行下去,将来必定与过去一致,他甚至不能借助于任何或然论证来证明这一点。"因为一切或然论证都是建立在将来与过去有这种一致性的假设之上的,所以或然论证不可能证明这种一致性。这种一致性是一个事实,如果一定要对它证明,它只是假定在将来和过去之间有一种相似。因此,这一点是根本不允许证明的,我们不需证明而认为它是理所当然的。"由此,休谟提出了他本人所主张的关于因果关系来源的观点:"这种从原因到结果的转移不是借助于理性,而完全来自于习惯和经验。"在看见两个现象(如热和火焰,重与坚硬)恒常相伴出现后,我们可能仅仅出于习惯而由其中一个现象的出现期待另一现象的出现。因此,"习惯是人生的伟大指南。唯有这一原则可能使经验对我们有用,使我们期待将来出现的一系列事件与过去出现的事件相类似。"而休谟所理解的"习惯",乃是一种非理性的心理作用,是一种本能的或自然的倾向,于是他就把因果关系以及基于因果关系之上的归纳推理置于一种非理性、非逻辑的基础之上。

休谟的论证主要是针对因果关系的,但其中包含一个对归纳合理性的怀疑主义论证。我这里把这个论证概要重构如下:

(1)归纳推理不能得到演绎主义的辩护。因为在归纳推理中,存在着两个逻辑的跳跃:一是从实际观察到的有限事例跳到了涉及潜无穷对象的全称结论;二是从过去、现在的经验跳到了对未来的预测。而这两者都没有演绎逻辑的保证,因为适用于有限的不一定适用于无限,并且将来可能与过去和现在不同。

(2)归纳推理的有效性也不能归纳地证明,例如根据归纳法在实践中的成功去证明归纳,这就要用到归纳推理,因此导致无穷倒退或循环论证。

(3)归纳推理要以自然齐一律和普遍因果律为基础,而这两者并不具有客观真理性。因为感官最多告诉我们过去一直如此,并没

六 爱做归纳的火鸡被送上餐桌,怪谁? | 237

《星与兽》,埃舍尔

在这幅画中,蜥蜴被笼子关住,不能自由活动。但是它们对外面的世界好奇。上面的那只蜥蜴伸出舌头,试图勾住外面的星星。

人的逻辑能力由大脑的结构所限制,这种生理结构形成了人的先验结构。因为人类的大脑结构相同,所以他们的逻辑能力才相同;大脑结构决定了人对逻辑的理解,限制了建立逻辑系统时对基本公理的选择;也因此,人无法清楚明晰地设想不合逻辑的"不可能世界"。尽管如此,人们还是会尝试思考一些不合逻辑的对象,建立一些允许矛盾的逻辑系统,如同蜥蜴试着去触摸其他星星一样。

有告诉我们将来仍然如此;并且,感官告诉我们的只是现象间的先后关系,而不是因果关系;因果律和自然齐一律没有经验的证据,只不过出于人们的习惯性的心理联想。

自从休谟对因果关系的客观性和归纳推理的必然性提出质疑以来,哲学家和逻辑学家不得不面对一些共同的问题:是否存在既具有保真性又能扩大知识的推理?归纳推理的合理性何在?进而言之,普遍必然的新知识是否可能?如何可能?人们已经提出了关于归纳合理性的各种辩护方案,例如先验论、约定论和演绎主义,逻辑经验主义者的"可证实性原则"和概率逻辑,波普的"可证伪性原则"和否证逻辑,赖欣巴赫等人对归纳的实用主义辩护,等等。但这些辩护方案都存在这样或那样的问题,以致有这样的说法:"归纳法是自然科学的胜利,却是哲学的耻辱。"

关于归纳问题,我本人所持的观点包括否定的方面和肯定的方面。其否定的方面是:归纳问题在逻辑上无解,即对于"是否存在既具有保真性又能够扩展知识的归纳推理"这个问题,逻辑既不能提供绝对肯定的答案,也不能提供绝对否定的答案。在这个意义上,"休谟的困境就是人类的困境";这是因为该问题是建立在如下三个虚假的预设之上的:存在着不可修正的普遍必然的知识;把合法的推理局限于有保真性的演绎推理,即对演绎必然性的崇拜;只能在感觉经验的范围内去证明因果关系的客观性和经验知识的普遍真理性。其肯定的方面包括:(1)归纳是在茫茫宇宙中生存的人类必须采取、也只能采取的认知策略,因此归纳对于人类来说具有实践的必然性。(2)人类有理由从经验的重复中建立某种确实性和规律性。(3)人类有可能建立起局部合理的归纳逻辑和归纳方法论,并且已部分地成为现实。(4)归纳结论永远只是可能真,而不是必然真。并且,我还提出了一个全面的归纳逻辑研究纲领,包括发现的逻辑,(客观)辩护的逻辑,(主观)接受的逻辑,修改或进化的逻辑。

七

如何使你的概念更清晰，思维更敏锐，论证更严密？

——批判性思维

> 逻辑命题是摹状底摹状和规律底规律。它是摹状底摹状，因为意念不遵守它，不能摹状；它是规律底规律，因为意念不遵守它，也不能规律。逻辑命题本身不摹状，可是它是意念所以能摹状底条件；它本身虽可以说是规律，然而不是接受方式，可是它虽不是接受方式，然而它是意念所以能成为接受方式底条件。
>
> ——金岳霖

金岳霖(1895—1984),中国哲学家,逻辑学家。1920年获哥伦比亚大学哲学博士,先后任清华大学、西南联大、北京大学教授,中国社会科学院哲学所研究员,曾任中国逻辑学会会长。主要著作有:《逻辑》(1937),《论道》(1940),《知识论》(1940年完稿,1948年重写,1983年出版),《形式逻辑》(主编,1979),《罗素哲学》(1988)等。

亚里士多德是所谓的"大逻辑"传统的开启者。他把逻辑视为一切科学的工具,几乎涉及到人类思维的所有方面,讨论了范围广泛的逻辑问题,例如概念、范畴问题,直言命题,模态命题,直言三段论,模态三段论,证明的理论与方法,归纳方法,论辩与修辞,谬误及其反驳,思维规律,并且也涉及到复合命题及其推理。在19世纪以前,在逻辑学的研究特别是教学中,一直延续着这种大逻辑传统。在19世纪末20世纪上半叶,随着数理逻辑的创立,这种"大逻辑"传统逐渐被边缘化,逻辑课堂上占主导地位的是形式化的数理逻辑。但是,后一种教学方式也显露出一些严重的缺陷,因为对于一般大学生来说,他们学逻辑的目的是要有助于他们的日常思维。但符号化的数理逻辑与人们的日常思维的关系不那么直接、明显,并且又比较难学。于是,学生和教师们都感到有必要对逻辑教学进行改革,甚至提出了这样的口号:逻辑教学应该"与人们的日常生活相关,与人们的日常思维相关"。首先是在北美,进而在世界范围内出现了一种开设批判性思维课程、编撰批判性思维教材的"新浪潮"（new wave），他们办有国际性杂志，经常召开相关的国际会议，这方面的研究论著和教科书也如雨后春笋般出现。美国哲学学会制定的哲学教育大纲指出，主修哲学的学生可以学两种逻辑课程，一是符号逻辑，另一是批判性思维。如果一名学生主修哲学但以后并不打算以哲学为职业，则选修"批判性思维"足矣。据初步统计，目前在美国大学特别是哲学系中，开设"批判性思维"课程的占到40%以上。与传统的逻辑教学有所不同，批判性思维重点关注的是，培养识别、构造、特别是评价实际思维中各种推理和论证的能力。更具体地说，它要求给出一个人信念或行动的各种理由，分析、评价一个人自己的推理或论证以及他人的推理或论证，设计、构造更好的推理或论证。其核心理论是：定义理论，论证理论，谬误理论。批判性思维已经成为美国许多能力性测试——如 GRE，GMAT，LSAT 等测试中逻辑推理部分的理论基础。

1　定义理论

定义及其作用

定义的对象是语词或者概念，有时也包括命题。如前所述，语词或概念都有内涵和外延，定义就是以简短的形式揭示语词、概念、命题的内涵和外延，使人们明确它们的意义及其使用范围的逻辑方

法。例如,以下句子都是定义:

飞机是由动力装置产生前进推力、由固定机翼产生升力、在大气层中飞行的重于空气的航空器。

光合作用是绿色植物利用叶绿素吸收日光所进行的碳营养过程。

$A \subseteq B$,当且仅当,对任一 x,如果 $x \in A$,则 $x \in B$。

定义包括三个部分:**被定义项**、**定义项**和**定义联项**。被定义项就是在定义中被解释和说明的语词、概念或命题。定义项就是用来解释、说明被定义项的语词、概念或命题。定义联项是连接被定义项和定义项的语词,例如"是""就是""是指"和"当且仅当"等。归结起来,定义的结构大致可以写成下述公式:

D_s 就是 D_p

这里,D_s 代表被定义项,D_p 代表定义项,"就是"代表定义联项。

在我们的日常思维中,定义是被普遍使用的一种逻辑方法。之所以如此,是因为:(1) 通过定义,人们能够把对事物的已有认识总结、巩固下来,作为以后新的认识活动的基础。这是定义的综合作用。(2) 通过定义,人们能够揭示一个语词、概念、命题的内涵和外延,从而明确它们的使用范围,进而弄清楚某个语词、概念、命题的使用是否合适,是否存在逻辑方面的错误。这是定义的分析作用。(3) 通过定义,人们在理性的交谈、对话、写作、阅读中,对于所使用的语词、概念、命题能够有一个共同的理解,从而避免因误解、误读而产生的无谓争论,大大提高成功交际的可能性。这是定义的交流作用。

定义的种类

根据不同的标准,定义可以区分为不同的类型。例如,语词、概念都有内涵和外延,因此,要明确一个语词或概念,既可以从内涵角度着手,也可以从外延角度着手,于是有"内涵定义"和"外延定义";被定义项可以是某个语词、概念所代表、所指称的事物、对象,也可以仅仅是该语词本身,于是有"真实定义"和"语词定义"。

(1)内涵定义

内涵定义 揭示一个语词、概念的内涵的定义。而一个语词、概念的内涵,则是该语词、概念所反映、代表、指称的对象的特有属性或本质属性,通过这些属性,能够把这类(或这个)对象与其他的对象区别开来。

属加种差定义 最常见的内涵定义形式。如果一个概念的外延全部包含在另一个概念的外延之中,而后者的外延并不全部包含在前者的外延之中,则这两个概念之间就具有属种关系,前一概念是后一概念的种概念,后一概念则是前一概念的属概念。例如,"人"这个概念就是"动物"这个概念的种概念,而人与其他的动物种类的区别就叫做"种差"。下定义最常用的方法,就是找出被定义概念的属概念,然后找出相应的种差,并以"被定义项=种差+属"的形式给出定义。例如:

人是会语言、能思维、能够制造和使用劳动工具的动物。

哺乳动物就是以分泌乳汁喂养初生后代的脊椎动物。

微型计算机是由一块或几块大规模集成电路构成的计算机,体积小巧,价格低廉,可靠性高。

社会学是通过研究社会关系和社会行为,探讨社会协调发展和良性运行的条件和规律,为人们提供认识社会、管理社会和改造社会的知识和方法的综合性学科。

从不同的认识需要和认识角度出发,事物之间会显现出不同的差别,并且其中许多差别都能够把不同类的事物区别开来。因此,属加种差定义就有多种多样的表现形式:

发生定义 从被定义概念所反映、代表、指称的事物的发生、来源方面来揭示种差的定义形式。例如:

圆是在平面上绕一定点作等距离运动所形成的封闭曲线。

水是由氢原子和氧原子化合而成的化合物。

核能,亦称原子能,指在核反应过程中,原子核结构发生变化所释放出来的能量。

功用定义 以某种事物的特殊用途来作为种差的定义形式。例如:

电子计算机是具有自动和快速地进行大量计算和数据处理功能的电子设备。

粒子对撞机是一种通过两束相向运动的粒子束对撞的方法提高粒子有效相互作用能量的实验装置。

关系定义 以事物之间的特殊关系来作为种差的定义。例如:

原子量就是一个原子的重量与氢原子的重量相比的数量。

素数,亦称"质数",指只能被1和自身整除的大于1的自然数。

叔叔是指与父亲辈分相同而年龄较小的男子。

概念艺术于20世纪60年代中后期在英国出现,随后流行于欧美各国。概念艺术开始审视艺术的角色、地位以及艺术品背后所隐藏的东西。约瑟夫·孔苏思(Joseph Konsuth)的作品《一把椅子和三把椅子》是当代概念艺术最重要的代表作之一,它以物、拟象、语词三种不同的形式表征指向了同一事物:椅子。这令人想起柏拉图关于理念、实在和艺术三者之间关系的论述。

除属加种差定义外,内涵定义还有其他一些形式,如:

操作定义 通过对一整套相关的操作程序的描述来对被定义项下定义。例如:

x 是酸类,如果将 x 与石蕊试纸接触,石蕊试纸就呈现出红色。

商标注册,是指使用人将其使用的商标依照《商标法》以及《商标法实施细则》规定的注册条件、程序,向商标管理机关提出注册申请,经商标局依法审核批准,在商标注册簿上登录,发给商标注册证,并给予公告,授予注册人以商标专用权的法律活动。

语境定义 指不属于属加种差定义的关系定义,对于有些关系概念,常常采取、有时候也只能采取这种定义形式。例如:

x 是一位祖父,当且仅当,存在一个 y,并且存在一个 z,x 是 y 的父亲,并且 y 是 z 的父亲。

$(A \rightarrow B) = df(\neg A \lor B)$

(2) 外延定义

通过列举一个概念的外延,也能够使人们获得对该概念的某种理解和认识,从而明确该概念的意义和适用范围。因此,**外延定义**也是一种常用的定义形式。

穷举定义 如果一个概念所指的对象数目很少,或者其种类有限,则可以对它下穷举的外延定义。例如:

氧族元素是指氧 O、硫 S、硒 Se、碲 Te、钋 Po 五种元素。

太阳系行星包括水星、金星、地球、火星、木星、土星、天王星、海王星。

有理数和无理数总称"实数"。

例举定义 属于一个概念外延的对象数目很大,或者种类很多,无法穷尽列举,于是就举出一些例证,以帮助人们了解该概念所指称的对象。例如:

中国的少数民族有藏族、维吾尔族、蒙古族、回族、壮族、土家族、苗族等。

什么是自然语言?例如汉语、英语、俄语、德语、日语、朝鲜语都是自然语言。

实指定义 通过用手指着某一个对象,从而教会儿童去认识事物和使用语言,这样的方法常被叫做"实指定义"(ostensive definition)。例如,指着鼻子教儿童说"鼻子",摸着耳朵教孩子说"耳朵",拍着桌子教孩子说"桌子"。显然,这只是一种比喻意义上的定义形式,有很多缺陷。

内涵定义和外延定义常常合在一起使用,例如,先给出某个概念的一些或全部内涵,再列举该概念的一些或全部外延。例如:

基本粒子是迄今所知、能够以自由状态存在的所有最小物质粒子的统称,包括电子、中子、光子等,它们构成宏观世界的一切实物以及电磁场。

(3) 语词定义

语词定义的对象是语词,常常涉及该语词的词源、意义、用法等,而不涉及该语词所代表、指称的事物和对象。可以区分出如下类型:

报道定义　是对被定义语词既有用法的报道或说明。例如：

太一，中国古代哲学术语。"太"是至高至极，"一"是绝对唯一的意思。《庄子·天下》称老子之学"主之以太一"。"太一"是老子《道德经》中所说的"道"的别称。

胡：① 古代泛称北方和西方的少数民族，如"胡人"；② 古代称来自北方和西方少数民族的东西，也泛指来自国外的东西，如"胡琴"，"胡桃"，"胡椒"；③ 百家姓之一种。

约定定义　有时候为了便于交流，需要发明新词，或者需要使用缩略语，这都要求对该新词或缩略语的意义有所规定。例如：

IF 逻辑，是英语词"Independence-friendly First-Order Logic"的缩写，由当代著名逻辑学家雅可·亨迪卡（Jaakko Hintikka）提出的一种非经典逻辑。

因特网，英语词"internet"的音译加意译，指通过软件程序把世界各地的计算机连接起来，以便于信息资源的共享。

修正定义　其中既有报道性成分，也有约定或规定性成分，在法律、法规等政策性文件中用得比较多。例如，为了便于操作，有关条例对"发明"一词作了如下定义：

本条例所说的发明是一种重大的科学成就，它必须具备以下三个条件：(1) 前人没有的，(2) 先进的，(3) 经实践证明可以应用的。

定义的规则

定义的目的是通过揭示概念的内涵和外延,明确概念的适用范围,并因此判定该概念的某一次具体使用是否适当。一个好的定义,或者说一个可以接受的定义,必须满足一定的条件或标准,遵守一定的**规则**。这里给出以下几条:

(1)定义必须揭示被定义对象的区别性特征。

语词、概念是用来代表、指称对象的,是特定的事物在思维中的代表者。因为人们显然不能在想到、说到某个具体事物时,把该事物本身摆出来,而只能使用与该特定事物相配的特定的概念。为了做到特定的概念与特定的事物相配,该概念的定义就必须反映一类事物区别于其他事物的那些特征,只有这样才不会在思维中造成混乱。由于事物本身具有几乎无穷多的属性,由于认识和实践的需要不同,这些属性中能够起区别作用的属性并不是唯一的,但不管怎样,定义必须揭示被定义对象的区别性特征,这一点却是确定无疑的。例如:

水是一种透明的液体。

这一定义显然没有揭示水区别于其他液体的特征,不是一个好的或可以接受的定义。

(2)定义项和被定义项的外延必须相等。否则,会犯"定义过窄"或"定义过宽"的错误。

所谓"定义过窄",是指一个定义把本来属于被定义概念外延的对象排除在该概念的外延之外。例如：

古生物学是研究各个地质时代的动物形态、生活条件及其发展演变的科学。

商品是通过货币交换的劳动产品。

这两个定义都犯有"定义过窄"的错误，因为古生物学除了研究古动物之外，也研究古代植物。在人类社会发展的早期或当代的某些不发达地区和角落，以物易物的"物"也是商品；或者通过给人家干某件活，来换取对方的某件物，这也是在进行商品交换。

所谓"定义过宽"，是指一个定义把本来不属于被定义概念外延的对象也包括在该概念的外延之中。例如：

汽车是适用于街道或公路的自动车辆。

哺乳动物是有肺部并要呼吸空气的脊椎动物。

这两个定义都犯有"定义过宽"的错误。根据此定义，摩托车、电动自行车也应归于"汽车"之列；鸟类、爬行动物以及大多数成熟的两栖动物都有肺部并要呼吸空气，并且都是脊椎动物，它们似乎也属于哺乳动物。但实际情况并非如此。

定义过窄和定义过宽都是由于没有揭示被定义对象的区别性特征造成的。

（3）定义不能恶性循环。否则，就会犯"循环定义"的错误。

所谓循环，是指在用定义项去刻画、说明被定义项时，定义项本身又需要或依赖于被定义项来说明。例如，有人在一篇文章中给出了三个相关的定义：

人是有理性的动物。

理性是人区别于其他动物的高级神经活动。

高级神经活动是人的理性活动。

通过这三个定义,我们既没有明白什么是人,也没有明白什么是理性和什么是高级神经活动,因为它们相互依赖,谁也说明不了谁。

但是,对于有些关系概念的定义,某种程度的循环是允许的,甚至是必不可少的。例如,什么是父亲和子女?父亲就是有自己的子女的男人,而子女则是由父母生下的后代。什么是原因和结果?原因就是引起一个现象的现象,而结果则是由一个现象所引起的现象。

(4) 定义不可用含混、隐晦或比喻性词语来表示。否则,就会犯"定义含糊不清"或"用比喻下定义"的错误。

据说有人给出了这样一个定义:

什么是列宁主义?作为革命行动体系的列宁主义,就是由思维和经验养成的革命嗅觉,这种社会领域里的嗅觉,就如同体力劳动中肌肉的感觉一样。

看了或听了这个定义后,一般人都会有如坠五里雾中的感觉,混混沌沌,模模糊糊,什么也看不清楚,甚至在不看、不听这个定义时还明白一些什么,当看了、听了这个定义之后,反而什么也不明白了。其原因在于该定义使用了许多莫名其妙的词语,例如"由思维和经验养成的革命嗅觉""体力劳动中肌肉的感觉",去刻画作为一种理论体系的列宁主义。

儿童是祖国的花朵。

建筑是凝固的音乐。

书是人类进步的阶梯。

生活是最生动的河流,最丰富的矿藏。

这些句子作为一般的句子,是好的句子,甚至含有深刻的意义,但作为定义却是糟糕的。因为要真正明白一个事物、概念是什么,需要正面地去说明、刻画它,而不是形容、比喻它。事物之间既有同一又有差异。因此,几乎任何一个事物都可以比喻为任何一个其他的事物,但通过这样的比喻,却不能真正认识一个事物,不能弄清楚一个概念的适用范围。

(5) 除非必要,定义不能用否定形式或负概念。

通过定义,我们是要弄明白一个事物本身是什么,而不是它不是什么。因为一个事物除了是它本身之外,它不是世界上其他的一切事物,而这样的事物是列举不完的。德国哲学家黑格尔曾有一句名言:

真理不是口袋中现存的铸币。

它具有深刻的哲理,但不能作为"真理"的定义。黑格尔的意思是:真理不是唾手可得的,真理是一个过程,人们要真正学会、领悟一个真理,就必须以压缩的形式去重复人类认识和掌握这个真理

《大树》,Peter Challesen,纸雕

　　知识常被比喻为一棵大树,基础学科类似树根和树干,不同的学科分支类似于大树的枝条,应用学科类似于树冠和叶尖。大树是一个整体,任何部分都不可或缺。俗话讲,树大根深,根深叶茂。促使知识大树繁茂生长的,至少包括下列要素:开放的心灵,自由的探索,批判性讨论,公共的实践检验,以及科学理论所带来的巨大应用价值。科学知识所带来的不仅是物质产品的丰富,更重要的是人的心灵的自由开放。

的全过程。因此,他说:同一句格言,在一位初涉人世的小伙子嘴里说出来,与在一位饱经风霜的老人嘴里说出来,具有完全不同的内涵。我国宋朝诗人辛弃疾用一首词表达了类似的意思:

少年不识愁滋味。
爱上层楼,
爱上层楼,
为赋新词强说愁。

如今识尽愁滋味。
欲说还休,
欲说还休,
却道天凉好个秋。

2 论证理论

把一切送上理智的法庭

批判性思维的基本理论预设是:任何观点或思想都可以、并且应该受到质疑和批判;任何观点或思想都应该通过理性的论证来为自身辩护;在理性和逻辑面前,任何人或思想都没有对于质疑、批判的豁免权。批判性思维要培养学生这样的品质:不盲从、不迷信,遇事问为什么;清楚地、有条理地思考,追求合理性;在游泳中学会游泳,注重推理和论证的实际运用。

批判性思维的态度实际上是一种哲学态度。我曾在一篇文章中这样谈到哲学,认为它首先是一种生活方式,一种人生态度。它对一切问题都要追本溯源、寻根究底,作一番反省性或前瞻性的思考;它在别人从未发现问题的地方发现问题,对人们通常未加省察和批判就加以接受的一切成见、常识等等进行批判性地省察,质疑它的合理性根据和存在权利。科学的一切领域、人生的一切方面都向哲学思维敞开,接受哲学家的质疑、批判与拷问;同时哲学思维本身也向质疑、批判和拷问敞开,也要在这种质疑、批判和拷问中证明自身的合理性。我把这一点叫做哲学思维的敞开性。哲学活动因此成为一种质疑、批判和拷问的活动,其具体任务包括两个:一是揭示、彰显暗含或隐匿在人们日常所拥有的各种常识、成见和理论背后的根本性假定和前提;二是对这些假定或前提的合理性进行质疑、批判和拷问,迫使它们为自己的合理性进行辩护。正是在这种意义上,可以把哲学活动看做是一种前提性批判。

有人曾经这样为哲学家的上述活动辩护:"如果不对假定的前提进行检验,将它们束之高阁,社会就会陷入僵化,信仰就会变成教条,想象就会变得呆滞,智慧就会陷入贫乏。社会如果躺在无人质疑的教条的温床上睡大觉,就有可能渐渐烂掉。要激励想象,运用智慧,防止精神生活陷入贫瘠,要使对真理的追求(或者对正义的追求,对自我实现的追求)持之以恒,就必须对假设质疑,向前提挑战,至少应做到足以推动社会前进的水平。人类和人类思想的进步部分是反叛的结果,子革父命,至少是革去了父辈的信条,而达成新的信仰。这正是发展、进步赖以存在的基础。在这一过程中,那些提出上述恼人问题并对问题的答案抱有强烈好奇心的人,发挥着绝对的核心作用。这种人在任何一个社会中都不多见。当他们系统从事这种活动并使用同样可以受到别人批判检验的合理方法时,他们便被称之为哲学家了。"

识别复杂论证的结构

一个**论证**,是运用真实的或者至少是可以接受的理由,去论证某个论点或结论的思维过程及其语言表述形式。论证中包含着推理,它可以很简单,例如只包含一个推理;也可以很复杂,包含着很多不同类型的推理,是这些不同推理的复合。

从结构上看,一个论证中包含着下列要素:

(1)**论题**,即论辩双方所共同谈论的某个话题,尽管他们在这个话题上可能具有完全相反的观点,例如"是否应该允许大学生在读期间结婚?"就是一个论题。但有的时候,在一个人的讲演或文章中,论题本身就是他所主张的、在讲演或论证中要加以证明的观点,即论点。

(2)**论点**,即作者在一个论证中所要证明的观点。它有时候在一段文字或议论的开头出现,有时候在一段文字或议论的末尾出现;在复杂的论证中,它既在开头作为论证的对象出现,又在结尾作为该论证的结论出现。

(3) **论据**,也就是论证者用来论证他的论点的理由、根据。论据可以是一般性原理,也可以是事实性断言。一般要求论据必须是真实的,至少是论证双方能够共同接受的。

(4) **论证方式**,即论点和论据之间的联系方式,通常表现为一系列推理形式的复合。如果其中的某个论据与论点的联系方式是演绎的,则用小写字母 d(deduction)表示;若某个论据与论点之间的联系方式是归纳的,则用 i(induction)表示;若某个论据与论点之间的联系方式是谬误的,则用 f(fallacy)表示。

(5) **隐含的前提或假设**。在一个论证中,常常隐含地利用了一些前提或假设,相应地也隐含地使用了一些推理形式,而没有把它们统统明明白白地说出来或写出来。但当我们要对一个论证的可靠性作出评估时,常常需要把它们都考虑进来。

因此,要识别一个论证的结构,常常要作下面一些考虑:(1) 找出该论证的论点或主要结论,跟在论证标志词"因此""所以""可见""可以推断""这样说来""结论是""其结果是""这表明""总而言之""显然""我们认为""我们相信""很可能"等等之后的往往是论点或结论;(2) 找出支持这个论点的主要的理由,跟在论证标志词"因为""如果""假设""鉴于""由……可以推出""正如……所表明的"等等之后的或占据省略号位置的,往往是理由或论据,并

用 p_1、p_2、p_3 等对它们予以编号;(3) 找出支持该论点的未明确说出或写出、但为该论证所隐含的理由或论据,并用大写字母 A、B、C 等表示;(4) 把支持该论证的论点的理由与支持这些理由的理由区分开来;相应地,把该论证的主要论证与其他次要的论证区分开来;(5) 按下列方式写出该论证的结构示意图:

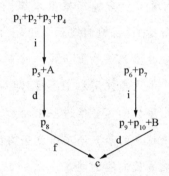

上述示意图所表示的论证比较复杂:该论证的论点或结论是 c,支持它的理由或论据有两个:一是 p_8,从它出发通过谬误推理 f 达到 c;一是 $p_9+p_{10}+B$,它表示 p_9、p_{10} 与隐含假设 B 的合成,通过演绎推理 d 达到 c。但 p_8 是通过演绎推理从 p_5+A 得到的,后者又是通过归纳推理从 $p_1+p_2+p_3+p_4$ 得到的;$p_9+p_{10}+B$ 是通过归纳推理 i 从 p_6+p_7 得到的。有些论证的结构比较简单,相应地将省略上述示意图中的某些项;而有些论证的结构更为复杂,其结构示意图中还要添加一些项。

找出一个论证特别是复杂论证中的论点、论据,并不是一件十分容易的事情,需要经过训练。请看下面的例子:

水上滑板风驰电掣，五彩缤纷，正受到广泛的喜爱。它能把一只小船驶向任何地方，年轻人对此大为青睐。然而，这项技巧的日益普及，产生了水上滑板管理的问题。在这个问题上，我们不能不倾向于对此严格管制的观点。

水上滑板，是水上娱乐项目中最能致命的方式之一。例如，曾有两名妇女到珊瑚礁度假。当她们乘坐木筏、在岸边不远处漂荡时，一支水上滑板冲向她们，将她们撞死。此外，许多玩水上滑板的人，在与其他船只相撞时惨死或严重伤残。还有人在离岸很远处滑板沉毁，困守远海。多半人虽使用水上滑板，却对此毫无经验，更不懂航行规则，使得发生事故的可能性进一步增加。滑板的日益普及使风险倍增，因为越来越多的船只不得不竞争有限的狭小水面。拥挤的水道，仿佛是灾难的最危险的同谋。

除去水上滑板操作上固有的危险外，在环境方面，它也造成了极大的扰乱。海滩的居民，纷纷抱怨滑板带来的可怕噪音。西海岸的太平洋鲸类基金会也指出，滑板很可能会吓走回游到夏威夷产仔的业已濒临灭绝的座头鲸，这使人深感忧虑。

因此，制定诸如最低操作年限、限制操作区域，以及水上安全强制性教育等等管理规则，都势在必行。没有这些管理规则，水上滑板导致的悲剧定会一再重演，许多赏心悦目的海滩将变得危险丛生。

七 如何使你的概念更清晰,思维更敏锐,论证更严密? | 263

《鱼和鳞》,埃舍尔

　　埃舍尔在这幅图中描绘的是鱼和鳞。整个图是一片鱼鳞,由若干条鱼形成。其中大鱼的鱼鳞又由小鱼形成。而小鱼的鱼鳞又由更小的鱼形成。如此这般地重复,直至肉眼无法分辨。

　　人类的语言也有着类似的形成结构。一篇文章由若干篇章所形成,一个篇章由若干段落所形成,一个段落由若干语句所形成,一个语句由若干字词所形成。但在语言中,字词是表示意义的最小单元,意义无法继续往下分解;而对于绘画而言,埃舍尔是否会赞成鱼和鳞中存在着最小的单元,譬如有着不由任何鱼形成的最小的鱼鳞,或是有着没有鱼鳞的最小的鱼?假如给他更精细的工具,他是不是会一直画下去?

解析 这个论证的大致结构如下：

问题：水上滑板是否应受到严格管理？

论点：是的，水上滑板应该受到严格管理。

论据：1. 水上滑板极为危险。

        a. 操作者会撞死自己和旁人。

        b. 大多数水上滑板操作者毫无经验。

        c. 滑板的日益普及导致水道拥挤，越发积重难返。

    2. 水上滑板给环境带来威胁。

该论证的结构示意图如下：

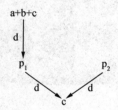

对已有论证作出评价

有的批判性思维论著的作者指出，正确地提问对论证评估是十分重要的。他们主张，在评价某段论证之前，最好问以下14个问题：(1) 问题和结论是什么？(2) 理由是什么？(3) 哪些词句的意义模糊不清？(4) 价值冲突和假设是什么？(5) 描述性假设是什么？(6) 证据是什么？(7) 抽样选择是否典型？衡量标准是否有效？(8) 是否存在竞争性假说？(9) 统计推理是否错误？(10) 类比是否贴切中肯？（11）推理中是否存在错误？（12）重要的信息资料有没有遗漏？（13）哪些结论能与有力的论据相容不悖？（14）争论中你的价值偏好是什么？这里，问题（1）（2）（5）（6）可以说属于论证的识别所涉及的问题，其他问题都与论证的平估有关。

我认为，在对已有论证作出评价时，主要应考虑下列问题：

（1）论证中的论题及关键性概念是否清楚、明白？

除非弄清楚论证中关键性词句的含义及其在使用环境中的意义，否则无法对论证作出评价。然而，有些作者疏于给出术语的定义，并且许多关键术语歧义丛生，稍不注意就会受骗上当，因此，有必要找出一段论证中的关键性词句，并且问这样的问题：它们通常或可能是什么意思？它们实际上是什么意思？它们的这种使用合法吗？然后就可以依次区分出论证中的① 关键性词语，② 定义较为充分的关键性词语，③ 可作别种解释的关键性词语，④ 在论证的论题中出现的关键性词语。

请看下例：

我们对待吸毒，应该像对待言论和宗教信仰一样，将其视为一种基本的权利。吸毒是一种自愿行为。没有人非得去吸毒，就像没有人非得去读某本书一样。如果州政府打算限制毒品消费，它只能对其公民强行压服——其方法类似于保护儿童免遭引诱，或限制奴隶对自己的生命实行自决。

此段论证的关键性词语包括"吸毒""基本权利""自愿行为""限制毒品消费"，以及"对其公民强行压服"等等，要对作者的观点作出回应,有必要对"吸毒"一词加以必要的限定与说明。

(2)前提和隐含前提是否真实或至少是可接受的?

真实的前提是得出真实结论的必要条件,但这一条件却不是那么容易保证的。有时候,前提可能只是某种常识性说法,但常识并不总是可靠的。有时候,前提可能是大多数人的看法,但真理并不以信仰者的多少为依归。有时候,前提可能是某位权威的意见和看法,但权威并非在一切时候、一切情况下都是权威。除此之外,在论证中常常会暗中使用一些未明确陈述的前提和假设,它们的可靠性更要受到质疑,因此,批判性思维有广大的生长空间。

(3)前提和结论之间是否具有语义关联?

我们通常进行推理或论证时,前提和结论之间总是存在某种共同的意义内容,使得我们可以由前提想到、推出结论,正是这种共同的意义内容潜在地引导、控制着从前提到结论的思想流程。除非一个人思维混乱或精神不正常,他通常不会从"2+2=4"推出"雪是白的",也不会从"2+2=4"推出"雪是黑的"。因为这里前提和结论在内容、意义上没有相关性,完全不搭界,尽管"如果2+2=4,那么雪是白的,2+2=4,所以,雪是白的"是一个形式有效的推理。这就表明,有些逻辑上有效的推理形式,作为日常的论证可能是坏的论证。例如根据同一律,从 p 当然可以推出 p,但若以 p 为论据去论证 p,即使不是循环论证,也至少犯有"无进展谬误"的逻辑错误。批判性思维在作论证评价时,常常要考虑前提与结论、论据与论点之间的这种内容相关性,要求它们之间既有内容的关联,又不能在内容上相互等同,否则就没有论证之必要了。

(4)论证中前提对结论的支持强度如何?

演绎有效 如果一个推理的前提真则结论必真,或者说前提真则结论不可能假,则这个推理就是演绎有效的。尽管从假的前提出发也能进行合乎逻辑的推理,其结论可能是真的,也可能是假的,但从真前提出发进行有效推理,却只能得到真结论,不能得到假结论。只有这样,才能保证使用这种推理工具的安全性。这种有效性(亦称"保真性")是对于正确的演绎推理的最起码要求。如果一个论证只包括从论据到论点的演绎有效的推理,则它是一个演绎有效的论证,论据的真必然导致论点的真。除了在数学等精确科学中出现外,这样的论证在日常思维中并不多见。

归纳强的 有许多推理或论证尽管不满足保真性,即前提的真不能确保结论的真,但前提却对结论提供了小于100%、但大于60%的证据支持度,这样的推理或论证仍然是合理的,并且被广泛而经常地使用着。这样的推理或论证可以称之为"归纳强的"。如果一个推理或论证,其证据支持度小于60%,则可以称它是"归纳弱的"。归纳弱的推理仍有一定的合理性和说服力,但其说服力是十分有限的。当一般所说的简单枚举法、类比法等作为论证方法时,从逻辑上看它们都是归纳弱的。

谬误的 指以完全违反逻辑的手段从前提推出了结论,在下面的"谬误"一节中将重点讨论此类推理或论证。

建构你自己的论证

人们不仅要否定论敌的观点,也要传播自己的主张,这都需要以论证的形式进行,而论证则需要遵守一定的规则。根据不同的需要或标准,可以列出不同的论证规范。这里主要从认识论角度列出以下几条**基本规则**:

(1)论题的可信度必须比论据低,并且论题本身必须清楚、确切,在论证过程中要保持同一。

一般来说,一个论证之所以有必要进行,是因为某论点很重要,但其真实性或可接受性不明显,受到人们的怀疑,于是需要用一些更真实、更可接受的命题作论据,以合乎逻辑的方式推出该论点的真实性或可接受性。相反,如果论点的可信度比论据还高,那就没有必要用该论据去论证该论点,倒是有必要用该论点去说明该论据,论证过程要完全倒过来,原有的整个论证因此不成立。

只有论题本身是清楚、确切的,论证活动才能做到有的放矢,富有成效。否则,会犯"论旨不清"的错误,后者常常是由于其中所涉及的关键性概念、命题的意义不清造成的。例如,一只松鼠站在树上,两个猎人围绕它转了一圈。他们走动时,松鼠也跟着他们转。这时,一个猎人说,他们已经围绕松鼠转了一圈,因为他们已经围绕松鼠划了一条封闭的曲线;而另一个猎人却说,他们没有围绕松鼠转一圈,因为他们始终只看到松鼠的正面,没有看到它的其他各面。两人争得不可开交。显然,他们对"一圈"这一概念有不同的理解,不解决这一分歧,无论怎么争论,都不会有确定的结果。

由于论证是用论据去论证论题,有时候论据的真实性本身又需要论证。于是,在一个主论证中会出现若干分论证,分论证中有时又会有分论证,最后有可能出现这样的情况:论题是 A。在论证 A 时要涉及 B,B 要牵涉到 C,C 又牵涉到 D,D 又牵涉到 E。而 E 可能与 A 毫无关系,它们之间相差"八千里路云和月"! 出现这种情况时,就出现了"转移论题"或"偷换论题"的逻辑错误。

(2) 前提必须是真实的,或者至少是论辩双方共同接受的。

因为从不真实的前提出发,不能在逻辑上强制对方接受结论(论点)的真。然而,由于认识过程的复杂性,一个命题是不是真实的,有时候是很难说清楚的,但只要论辩双方都认定该前提是真实的,或者是可以接受,它就可以用来充当论据,逻辑也会强制论辩双方去接受从那些共同接受的前提推出的结论。违反上述规则所犯的逻辑错误,叫做"论据虚假""预期理由"等。

由于论证的目的是说服某些人去接受、承认论点的真,因此在挑选论据时,就要选择那些能为待说服对象所理解、接受的真命题作为论据,否则就如同对牛弹琴,达不到论证的目的和效果。

(3) 论据必须是彼此一致和相容的。

如果论据本身不一致,即论据本身包含 $p \wedge \neg p$ 这样的矛盾命题,或者可以推出这样的矛盾命题,又根据如前所述的命题逻辑,$p \wedge \neg p \rightarrow q$ 是一重言式,即逻辑规律。这个公式是说,矛盾命题蕴

在维特根斯坦看来,根本不存在私人语言,我们在社会环境中学习语言,并学会如何使用语言——就像在英国伦敦海德公园言论角围绕着讲演者一样。

涵任何命题,换句话说,从逻辑矛盾可以推出任一结论。显然,可以作为任何一个结论的论据的东西,就不能是某个确定结论的确切的、强有力的论据。因此,一组不一致或自相矛盾的命题不能做论据。本书第一章谈到,古希腊智者普罗泰戈拉与他的学生欧提勒士得出了完全相反的结论。究其原因,是因为他们的前提中包含着不一致:一是承认合同的至上性,一是承认法庭判决的至上性,哪一项对自己有利就利用哪一项,而这两者是相互矛盾的。实际上,法庭判决也必须根据合同来进行,因此合同是第一位的,是法庭判决的根据和基础。这样一来,那师徒俩的两个二难推理都不能成立,并且根据合同,欧提勒士在没有帮人打官司或者没有帮人打赢官司之前,可以不付给普罗泰戈拉那另一半学费。

(4)论证中所使用的推理必须是演绎有效的,或者是归纳强的。否则论证不可靠,会犯"推不出来"的逻辑错误。

3 谬误理论

所谓"**谬误**",不是指一般的虚假、错误、荒谬的认识、命题或理论,而是指推理或论证过程中所犯的逻辑错误。前面说过,一个推理和论证要得出真实的结论,需要满足两个条件:一是前提真实,二是从前提能够合乎逻辑地推出结论。但前提真实这个条件,涉及命题的实际内容,涉及语言、思想和世界之关系,是逻辑管不了的。但前提和结论之间的逻辑关系,却是逻辑应该管也能够管的。谬误常常出现在前提与结论的逻辑关系上,它是指那些看似正确、具有某种说服力,但经仔细分析之后却发现其为错误的推理或论证形式。

如果有意识地运用谬误的推理、论证形式去证明某个观点,这就是诡辩。德国哲学家黑格尔指出:"诡辩这个词通常意味着以任意的方式,凭借虚假的根据,或者将一个真的道理否定了,弄得动摇了,或者将一个虚假的道理弄得非常动听,好像真的一样。"因此,诡辩是一种故意违反逻辑的规律和规则,为错误观点所进行的似是而非的论证。

谬误可以分为不同的类型,例如有人将其区分为语形谬误、语义谬误和语用谬误,有人将其区分为形式谬误、实质谬误和无进展谬误。但较为普遍接受的做法是将谬误区分为"形式谬误"和"非形式谬误"两类。

形式谬误

所谓"**形式谬误**",是指逻辑上无效的推理、论证形式。在本书前面各章中,已经分别指出了一些这样的形式,这里择其要者列举如下:

(1)命题逻辑中的形式谬误

① 否定前件式:如果 p 则 q,非 p,所以,非 q。例如:如果李鬼谋杀了他的侄子,则他就是一个恶人;李鬼没有谋杀他的侄子,所

以,李鬼不是一个恶人。

② 肯定后件式:如果 p 则 q,q,所以,p。例如:如果王猛是网络发烧友,那么他会长时间上网;王猛确实长时间上网,所以,王猛肯定是一位网络发烧友。

③ 互换条件式:如果 p 则 q,所以,如果 q 则 p。例如:如果 x 是正偶数,则 x 是自然数,所以,如果 x 是自然数,则 x 是正偶数。

④ 不正确的逆否式:如果 p 则 q,所以,如果非 p 则非 q。例如:如果中东各国解除武装,就会给该地区带来和平。所以,如果中东各国没有解除武装,该地区就不会出现和平。

⑤ 不正确的选言三段论:或者 p 或者 q;p,所以,非 q。例如:李白或者是大诗人或者是唐朝人,李白是举世皆知的大诗人,所以,李白不是唐朝人。

(2) 词项逻辑中的形式谬误

① 中项不周延。例如:有些政客是骗子,有些骗子是窃贼,所以,有些政客是窃贼。

② 大项周延不当。例如:老虎是食肉动物,狮子不是老虎,所以,狮子不是食肉动物。

③ 小项周延不当。例如:所有新纳粹分子都是激进主义者,所有激进主义者都是恐怖分子,所以,所有恐怖分子都是新纳粹分子。

④ 两个否定前提。例如,没有种族主义者是公正的,有些种族主义者不是警察,所以,有些警察不是公正的。

⑤ 不正确的肯定或否定。例如:所有说谎者都是骗人者,有些

说谎者不是成年人,所以,有些成年人是骗人者。又如:所有吸血鬼都是怪物,所有怪物都是上帝的造物,所以,有些上帝的造物不是吸血鬼。

(3) 谓词逻辑中的形式谬误

① 不正确的量词换序,例如:$\forall x \exists y R(x,y)$,所以,$\exists x \forall y R(x,y)$。例如,取个体域为自然数,R 表示"小于关系",$\forall x \exists y R(x,y)$ 是说:任给自然数,都可以找到另外的自然数比它大,即没有最大的自然数。而 $\exists x \forall y R(x,y)$ 是说:有一个自然数,它比任何自然数都大,即有最大的自然数。这里,前提真而结论假,推理无效。

② 不正确的推导,例如:$\exists x(Sx \wedge Px)$,所以,$\exists x(Sx \wedge \neg Px)$。这是从"有些 S 是 P"推出"有些 S 不是 P",无效。再如:$\exists x(Sx \wedge \neg Px)$,所以,$\exists x(Sx \wedge Px)$。这是从"有些 S 不是 P"推出"有些 S 是 P",同样无效。

③ 不正确的同一替换。例如,小强知道鲁迅是鲁迅,鲁迅是生物学家周建人的哥哥,所以,小强知道鲁迅是生物学家周建人的哥哥。

非形式谬误

所谓"**非形式谬误**",是指结论不是依据某种推理、论证形式从前提得出的,而是依据语言、心理等方面的因素从前提得出的,并且这种推出关系是不成立的。下面把非形式谬误分为两大类:歧义性谬误和关联谬误。

(1) 歧义性谬误

① **概念混淆**　自然语言中的词语常常是多义的,或者说是语义模糊的。如果人们在论证过程中,有意无意地利用这种多义性和模糊性,以得出不正确的结论,就会犯"概念混淆"的逻辑错误。例如:"凡有意杀人者当处死刑,刽子手是有意杀人者,所以,刽子手当处死刑。"这个推理是不成立的,因为刽子手不是一般的"有意杀人者",而是"奉命有意杀人者"。

② **构型歧义**　由于句子语法结构的不确定而产生的一句多义。例如,一算命先生给人算卦说:"父在母先亡。"由于标点不同,这句话有两种含义:父亲健在,母亲已亡;父亲在母亲前面去世。如果加上时态因素,该句可以表示对过去的追忆,对现实的描述,对未来的预测,因此就有 6 种不同的含义,穷尽了全部可能的情况,永远不会错。算命先生就是以此类把戏骗人钱财。

③ **错置重音**　同一个句子,由于强调其中的不同部分,会衍生出不同的意义。例如,"我们不应该背后议论我们的朋友的缺点",这句话以平常的语气说出,是一个意思;如果重读其中的"背后"二字,则会有"我们可以当面议论我们的朋友的缺点"之意;如果重读其中的"我们的朋友",则会有"我们可以背后议论不是我们的朋友的人的缺点"之意。如果有意利用重读、强调等手法,传达不正确的、误导人的信息,就犯了"错置重音"的谬误。这在广告中特别常见。例如,以特别醒目的大字体标出一个特别低的价格,在旁边则用小字体印上"起",或用小字体标明各种限制条件。当顾客真的

光顾该店时,则会大呼上当。

④ **合举** 指把整体中各部分的属性误认为是该整体的属性,由此作出错误的推论。例如,由一部机器的每一个零件都品质优良,推出该机器本身也品质优良;由一个足球队的每一个球员都很优秀,推出该足球队一定很优秀;由一辆公共汽车比一辆出租车耗油更多,推出所有公共汽车的总耗油量一定比所有出租车的总耗油量多。

⑤ **分举** 与合举刚好相反,是指由一整体具有某种属性,推出该整体中的每一个体也具有某种属性。例如,由某人在一重要部门工作,推出该人也一定是一位非常重要的人物。再看下面两个推

《眼睛》,埃舍尔

图中瞳孔里反映出的影像并不是有血有肉的人脸,而是一个恐怖的骷髅头,但这恰是人头的内部结构。人体表面是皮肤,中间是血肉,内部才是骨骼。埃舍尔笔下的这只眼睛如同 X 光机那样,透过表面的肌肤看到深层的骨骼。

对逻辑学的学习可以使人的思维敏锐,让学习者透过繁文细节看清各种问题的本质所在。逻辑有什么用?它就像是这样的眼睛,可以辨别各种诡辩所利用的似是而非的谬论,可以理清理论和支撑它的前提之间的关系。

理:"鲁迅的著作不是一天能够读完的,《孔乙己》是鲁迅的著作,因此,《孔乙己》不是一天能够读完的。""人是由猿猴进化而来的,张三是人,因此,张三也是由猿猴进化而来的。"它们都犯了分举的谬误。

(2) 关联性谬误

所谓"**关联性谬误**",是指从在语言、心理上有关,但在逻辑上无关的前提出发进行推理,以至前提与结论不相干,因此更正确的说法是"不相干谬误"。在本书开头两章中,我们已经谈到许多这类谬误,例如,诉诸个人,诉诸情感,诉诸权威,诉诸无知,复杂问语。这里再谈几例:

① **诉诸起源** 指通过说某个理论、观点、事物的来源好或不好,来论证该理论、观点成立或不成立,该事物好或不好。例如,有人论证说:"麻将是中国文化的产物,而中国文化都有正面价值,所以我们要推广打麻将运动;牛仔裤是洋鬼子的东西,有什么好穿的,太崇洋媚外了,所以应该发起不穿牛仔裤运动。因此,我们要打麻将,不穿牛仔裤,做一个具有中国文化气质的、堂堂正正的中国人。"又如,某人说:"我知道这种药是用一种剧毒的植物提炼成的,尽管医生建议我服用它,但我决不服用,因为我害怕被毒死。"上面两个人的话都犯了"诉诸起源"的谬误。

② **窃取论题** 亦称"循环论证",指用论题本身或近似论题的命题做论据去论证论题。例如,"吸鸦片会令人昏睡,因为鸦片中含有令人昏睡的成分。""所有基督徒都是品行端正的,因为所谓基督

徒就是品行端正的人。""整体而言,让每个人拥有绝对的言论自由肯定对国家有利,因为若社群里每个人都享有完全不受限制的表达自己思想感情的自由,对这个社群是非常有利的。"这几段话语都犯有"窃取论题"的谬误。

③ **不据前提的推理** 指罗列了一些数据、命题,但它们与结论的推出没有关系,结论是不合逻辑地从那些数据、命题推出来的。例如,有人在评论一本为同性恋辩护的书时,指出该书不讲逻辑,不合道德。他提及了该书中的一些"不据前提的推理":"……'是时候了'这句咒语最能使现代人为之动容:变化就是自然,因此变化就是进步,也因此人类自然进程所依赖的就是把人类从'禁忌'以及其他阻碍人类进步的种种'忌讳'中'解放'出来。跟路轨上的空车厢碰撞后相互紧扣在一起一样,这里各个'不据前提的推理'都毫不讲理地被硬凑在一起。"

我们列举、分析谬误的目的,是为了弄清楚谬误的产生原因、机制,以便在我们的思维中避免谬误,反驳诡辩。

八

共同为现代科学大厦奠基
——逻辑学的地位

> 世界的意义就在于事实与愿望的分离(以及克服这种分离)。
>
> 人们有理由设想世界是理性地构造的吗？我相信是这样。因为它根本不是混沌一团或偶然的随机组合，反之，科学表明，万物都充满着最严格的规则和秩序。然而，秩序正是理性的一种形式。
>
> ——哥德尔

哥德尔(Kurt Godel,1906—1978),美籍逻辑学家、哲学家。生前除发表一些重要论文外,无专门著作问世,《哥德尔全集》正在编辑中。他在逻辑方面最重要的贡献,就在于他证明了一阶逻辑系统的完全性和包含初等数论在内的形式系统的不可完全性,从而开辟了数理逻辑的新纪元。1944年后,哥德尔主要致力于哲学研究。

现代科学已经成长为一个巨大的知识体系。从研究对象出发，它可以分为自然科学、人文社会科学和思维科学等领域；从在科学体系中所处的地位或所起的作用出发，它可以分为基础科学、应用科学和技术科学等类型。1974年，联合国教科文组织曾排定七大基础学科：(1) 数学；(2) 逻辑学；(3) 天文学和天体物理；(4) 地球科学和空间科学；(5) 物理学；(6) 化学；(7) 生命科学。在基础学科中，逻辑学位居第二，它与其他基础科学一起，共同为现代科学大厦奠定基础。此外，逻辑学作为一门思维科学，也可以用作思维训练课程。

1 从逻辑推导出全部数学？

现代逻辑创始于19世纪末叶和20世纪早期，其发展动力主要来自于数学中的公理化运动。当时的数学家们试图从少数公理出发根据明确给出的演绎规则推导出其他的数学定理,从而把整个数学构造成为一个严格的演绎大厦,然后用某种程序和方法一劳永逸地证明数学体系的可靠性。为此需要发明和锻造严格、精确、适用的逻辑工具。这是现代逻辑诞生的主要动力。由此导致20世纪逻辑研究的严重数学化,其表现在于:一是逻辑专注于数学形式化过程中提出的问题;二是逻辑采纳了数学的方法论,从事逻辑研究就意味着像数学那样用严格的形式证明去解决问题。由此发展出来的逻辑被恰当地称为"数理逻辑",它增强了逻辑研究的深度,使逻辑学的发展继古希腊逻辑、欧洲中世纪逻辑之后进入第三个高峰期,并且对整个科学特别是数学、哲学、语言学和计算机科学产生了非常重要的影响。在这个过程中,形成了数学基础研究中的三大派:逻辑主义,形式主义,直觉主义。

逻辑主义

逻辑主义的基本观点是:数学可以化归于逻辑。这就是说,数学概念可以借助于逻辑的概念得到明确的定义,数学的命题可以借助逻辑的公理和推演规则而得到证明,因此数学可以建立在逻辑的基础之上,数学的可靠性可以通过逻辑的可靠性而得到保证。它的代表性人物是弗雷格、罗素和蒯因(W. V. Quine,1908—2000)。

在弗雷格之前,已有一些数学家开始在数学上做一些化归或还原的工作。例如,笛卡儿(R. Descartes,1596—1650)把几何的概念还原为代数的概念,康托尔(G. Cantor,1845—1918)把实数的概念还原为自然数的概念。弗雷格最初致力于逻辑的公理化工作,其结果是建立了一个初步自足的逻辑演算系统;作为这一工作的自然延伸,他进一步研究了算术的公理化问题。他在研究中发现,所有的算术概念都可以借助于逻辑概念得到定义,所有的算术法则都可以凭借逻辑法则而得到证明,从而形成了他的逻辑主义观点。他的所有这些工作体现在他的两卷本著作《算术基本规律》中。这里有必要提及一段史实:

在《算术基本规律》第二卷已经付印时,弗雷格接到了当时是年轻人的罗素的一封信,后者向他通报了在他的著作中发现的一个悖论:

根据该书中广泛使用的概括规则,由任意性质可以定义一个集合。于是,由下述条件也可定义一个集合 S:对任一 x 而言,$x \in S$ 当且仅当 $x \notin x$。在这个条件中用 S 替换 x,得到悖论性结果:$S \in S$ 当且仅当 $S \notin S$。

可以用自然语言把这个悖论复述为:

把所有集合分为两类:(1) 正常集合,例如所有中国人组成的集合,所有自然数组成的集合,所有英文字母组成的集合。这类集合的特点是:集合本身不能作为自己的一个元素。(2) 非正常集合,例如所有集合所组成的集合,所有观念的集合。这类集合的特点是:集合本身可以作为自己的一个元素。现假设由所有正常集合组成一个集合 S,那么 S 本身属于还是不属于 S 自身?或者说 S 究竟是一个正常集合还是一个非正常集合?如果 S 属于自身,则 S 是非正常集合,所以它不应是由所有正常集合组成的集合 S 的一个元素,即 S 不属于它自身;如果 S 不属于它自身,则它是一正常集合,所以它是由所有正常集合组成的集合 S 的一个元素。于是,得到悖论性结果:S 属于 S 当且仅当 S 不属于 S。

这个悖论通常被称为"罗素悖论",它不仅使弗雷格感到极度震惊,而且使整个数学界都感到震惊,由此引发了所谓的"第三次数学危机"。弗雷格当时甚至想撤回正在印刷的《算术基本规律》的第二卷,不再出版了。但最后在做了一些小的修改后仍然出版了,不过加写了一个后记,其中说道:

"对于一个科学工作者来说,最不幸的事情莫过于:当他完成他的工作时,发现他的知识大厦的一块基石突然动摇了。正当本书的印刷接近完成之时,伯特兰·罗素先生给我的一封信便使我陷入这种境地。……

给可怜者以安慰,给痛苦者以支援吧。如果这是一种安慰的话,那么我也就得到这种安慰了;因为在证明中使用了概念的外延、类、集合的每一个人都处于与我同样的地位。成为问题的恰恰不是我建立算术的特殊方式,而是算术是否完全可能有一个逻辑的基础。"

这就是说,悖论的出现甚至动摇了弗雷格的逻辑主义信念。不过,罗素本人却是一位坚定的逻辑主义者。他采用逻辑类型论去避免悖论,继续进行从逻辑中推导出数学的工作,其具体成果是他与怀特海(A. N. Whitehead, 1861—1947)合著的三大卷的《数学原理》。第一卷除导论外,分两部分。导论主要阐明初始概念,提出解决悖论的方法——类型论,并提出摹状词理论。第一、二部分建立了一个完全的命题演算和谓词演算,提出了类和关系的形式理论,并在此基础上展开基数和序数的算术理论。第二卷详细展开基数和序数算术理论,并提出了序列理论。第三卷继续讨论序列,并以度量理论结束。计划中的第四卷打算展开几何理论,但后来并未完成,但人们普遍认为已无关大局,因此,罗素认为,逻辑主义的目标在《数学原理》中已经实现了。他在《数理哲学导论》中说:

"历史上数学和逻辑是两门完全不同的学科……。但是二者在近代都有很大的发展:逻辑更数学化,数学更逻辑化,结果在二者之间完全不能划出一条界限;事实上二者也确是一门科学。它们的不同就像儿童和成人的不同:逻辑是数学的少年时代,数学是逻辑的成人时代。……二者等同的证明自然是一件很细致的工作:从普遍承认属于逻辑的前提出发,借助演绎达到显然也属于数学的结果,在这些结果中我们发现没有地方可以划一条明确的界线,使逻辑和数学分居两边。如果还有人不承认逻辑与数学等同,我们要向他挑战,请他们在《数学原理》的一串定义和推演中指出哪一点他们认为是逻辑的终点,数学的起点。很显然,任何回答都将是随意的,毫无根据的。"

结果被证明,罗素本人的上述断言确实是随意的、毫无根据的。因为他在从逻辑开展出集合论和一部分数学理论的过程中,除使用公认的逻辑公理外,还使用了无穷公理和乘法公理(选择公理)这样两条非逻辑公理,因此,罗素并没有把数学完全化归于逻辑,至多是化归于逻辑加集合论。在这个意义上,逻辑主义纲领是失败的。但是,逻辑主义者的工作大大加深了我们对逻辑与数学之间关系的认识,促进了数学的逻辑化和逻辑的数学化,导致了数理逻辑的建立,因此其贡献是毋庸置疑的。

形式主义

形式主义的代表人物有柯里(H. B. Curry)、鲁宾逊(A. Robinson)和柯恩(P. J. Cohen)等人。鲁宾逊在《形式主义》一文中说到:"我对数学基础的看法,主要根据以下两点,或者说两条原则:(i)不论从无穷总体的哪种意义来说,无穷总体是不存在的(即不管是实在的还是理想的无穷总体都是不存在的)。更确切地说,任何讲到或意思上含有无穷总体的说法都是没有意义的。(ii)虽然如此,我们还是应该'照常'继续搞数学这个行业,也就是说,应该把无穷总体当作真正存在的那样来行事。"

形式主义者不赞成实在论者或柏拉图主义者的观点,即认为数学对象是独立于思维而存在的,对此人们只能去认识,而不能任意创造或改变。在他们看来,实在论至少有两大致命伤:一是它肯定实无穷没有直观上可信的合理根据。例如柯恩指出:"我相信任何实在论者都会承认的一个弱点,是他没有能力说明像更高的无穷公理这样的更高的公理的无穷无尽的序列的根源。当考虑一个充分不可达型的基数时,甚至最坚定的实在论者也一定会退缩的。还存希尔伯特（David Hilbert, 1862—1943），19世纪和20世纪初最具影响力的数学家之一，曾提出23个著名的"希尔伯特问题"。他常被说成是形式主义的代表性人物，这是因为他所提出的元数学纲领与形式主义有接近之处。他主张，为了消除对数学基础可靠性的怀疑，避免出现悖论，要设法绝对地证明数学的一致性，使数学奠定在严格的公理化基础上。具体地说，将各门数学形式化，构成形式系统，并证明各个形式系统的一致性，由此推导出全部数学的一致性。在一次著名讲演的末尾，他信誓旦旦地说道："我们必须知道，我们必将知道。"

在像可测基数公理这样的公理，它们比曾经考虑过的最一般的无穷公理还要强，但是看来绝对没有直观上可信的证据，以便拒绝还是接受它们。……"二是它构成对数学研究中自由思想的压制，因为它认为我们只能认识而不能创造数学对象。在形式主义者看来，数学对象在现实世界中是不存在的，只是数学家思维的自由创造，是一种"有用的虚构"。

形式主义者认为，数学是研究推理或形式推理的，即从一定的形式前提（公理），按照演绎推理的规则，把一定的语句作为数学定理推导出来。数学是一门关于形式系统的科学,它所研究的只是一些事先毫无意义的符号系统,数学家的任务只是为某一符号系统确定作为前提的合式的符号串,并给出确定符号之间形式关系的变形规则,从前提按给定的变形规则得出作为定理的符号串。因此,数学就是符号的游戏,从事数学研究如同下棋,所驱遣的数学对象类似无实在意义的棋子,按给定的变形规则对符号进行机械的变形组合,就像按下棋规则去驱动棋子。对这种游戏的唯一要求就是它的无矛盾性(柯恩),此外也许还要考虑到"是否方便,是否富于成果"(柯里),以及结构上是否美(鲁宾逊)等。

谈到形式主义,就不能不谈到德国著名数学家希尔伯特,他提出了以他的名字命名的证明论方案,其要点是:将各门数学形式化,构成形式系统或形式理论,然后用有穷方法证明各形式系统的一致性,从而导出全部数学的一致性,以此保卫古典数学。这一规划按其本义来说是失败的,从中也产生出许多积极的成果,其中最直接的成果是**证明论**作为数学和逻辑的重要分支之一得以形成和发展。有人把希尔伯特视为形式主义的创始人或代表人物,这是不对的。尽管希尔伯特倡导形式公理化研究方法,主张构造抽象的形式系统,但他并不认为数学只是一套没有现实意义的符号操作,也不否认数学对象的客观实在性。他把数学分为处理不涉及实无穷的现实数学和涉及实无穷的理想数学两部分,尽管他对实无穷的存在性抱有疑虑,但并不完全否定它的存在,相反他认为实无穷是数学思维中所不可缺少的,因此把它作为理想元素引入数学,他本人因此被称为"方法论上的实无穷论者"。在他看来,不涉及实无穷的那部分数学是"现实的(real)数学",其可靠性和真理性是毋庸置疑的。至少在这一点上,他严格区别于形式主义者。

形式主义对关于数学的形式化研究的重要性及其意义的强调无疑是有价值的,但它的两个核心观点却必须受到挑战:一是由否认实无穷的实在性进而否认所有数学对象的实在性。二是把数学对象的存在性和数学命题的真理性完全归结为"一致性"或"相容性"。对此西方数学哲学家们早就提出了尖锐的批评。例如直觉主义的代表人物布劳维尔指出:"形式主义数学借助于其无矛盾性证明而获得的逻辑证实包含了一种恶性循环,因为这种证实事实上已经假定了这样一个命题的逻辑有效性,即认为由命题的无矛盾性可以推出它的正确性。"但事实上,理论的无矛盾性并不足以保证其真理性,因为"一个假的理论终究是假的,即使人们找不到矛盾;正如一个犯罪行为总归是罪恶的,不管它有无受到法庭的判决一样"。

直觉主义

直觉主义的代表人物是布劳维尔(L. E. J. Brouwer),他创造性地继承了康德的先验直观理论,把对时间的先验直觉作为数学的基础。在他看来,数学是独立于经验的人类心灵的自由创造,它独立于逻辑和语言;先验的、原始的二一性(two-oneness)直觉构成了数学的基础。这种初始直觉把每一个生活瞬间分解为质上不同的部分,仅当其余的一切被时间分隔开时才重新结合起来。这种直觉

布劳维尔（L. E. J. Brouwer, 1881—1966），荷兰数学家和哲学家，数学直觉主义流派的创始人。他主张，数学对象的存在等于能够被构造出来；不承认实无穷，只承认潜无穷，不承认排中律普遍有效。

使人认识到作为知觉单位的"一"，然后通过不断的"并置"（juxtaposition），创造了自然数、有穷序数和最小的无穷序数。任何逻辑结构都不可能独立于这种数学直觉。此外，他还持有下述基本观点：（1）不承认实无穷，只承认潜无穷。所谓实无穷，是把无穷视为现实的、完成了的总体，例如由所有自然数所构成的集合（自然数集），一线段上所有点的集合（实数集）。所谓潜无穷，只是把无穷看做是一种无休止扩展或延伸的可能性或过程，而不是一种实际得到的总体，例如作为极限概念的无穷大和无穷小。由此，直觉主义学派把从潜无穷引申出来的自然数论作为其他数学理论的基础。（2）排中律不普遍有效。在直觉主义者看来，这至少有两个原因：一是对于有穷论域来说，原则上可以通过逐个考察论域内的个体来验证它是否满足 A 或者非 A,因此排中律有效;但对于无穷论域来说,这样的考察是不可能进行和完成的,故排中律无效。二是他们把"真"理解为被证明为真,把"假"理解为假设为真将导致荒谬,这样排中律在数学中就等于是说:每一个数学命题或者是可被证明的,或者假设为真将导致荒谬(即可被否证),所以。布劳维尔说:"关于排中律的正确性问题等价于这样的问题,即是不是可能存在不可解的数学命题。"而他认为,数学中不仅有迄今未被证明为真或为假的命题,而且有不可证明的命题,因此排中律失效。(3)存在等于被构造,也就是说,数学对象的存在以可构造为前提,即是说能够具体给出数学对象,或者至少是能够给出找到数学对象的程序或算法。

直觉主义者把上述观点用于改造古典数学,建立构造性数学,并建立了体现构造性观点的逻辑——直觉主义逻辑。在直觉主义逻辑中,一命题为真,是指能够找到一个在有穷步内结束的证明,此证明证明它为真;一命题为假,是指能够在有穷步内证明它为假,即假设它为真在有穷步内将导致矛盾。这是一个很强的要求,它意味着关于逻辑常项的意义和推理规则有很大改变,因此,直觉主义逻辑是一种特异性很强的逻辑。但正如有人批评的,直觉主义数学具有"缺乏力量""烦难""复杂"和"不明晰"等缺陷,这种批评对直觉主义逻辑实际上也成立,因为前者就是在后者的基础上建立起来的。尽管如此,直觉主义逻辑却几乎是被一部分数学家所使用并获得实际数学成果的唯一一种非经典逻辑。

2 让哲学走向严格和精确

早在古希腊时期,就发生过"逻辑究竟是哲学的一部分,还是哲学的工具"的争论。在很长时期内,逻辑都被看做是哲学的一部分。直至19世纪末20世纪初,逻辑因与数学结盟而获得了作为一门独立学科的地位,从而脱离了哲学的母体,但仍然与哲学保持着十分密切的关系,并且,随着数理逻辑的创立和广泛应用,逻辑和哲学的关系再次成为热门话题。以致现在又有人提出:"现代逻辑不仅必须被看做是哲学的一个工具,而且也必须被看做是哲学的一部分。"

逻辑对于哲学的特殊重要性

在西方哲学传统中,逻辑一直居于中心位置。例如,西方许多大哲学家同时又是大逻辑学家,甚至是某种逻辑体系的发明者和创始人,如亚里士多德、奥卡姆的威廉、培根和穆勒、莱布尼茨、康德和黑格尔、弗雷格、罗素、维特根斯坦、卡尔纳普、蒯因、克里普克等等。在现代分析哲学的发展中,数理逻辑更是发挥了至关重要的作用。罗素指出,新的数理逻辑"给哲学带来的进步正像伽利略给物理学带来的进步一样。它终于使我们看到,哪些问题有可能解决,哪些问题必须抛弃,因为这些问题是人类能力所不能解决的。而对于看来有可能解决的问题,新逻辑提供了一种方法,它使我们得到的不仅是体现个人特殊见解的结果,而且是一定会赢得一切能够提出自己看法的人赞同的结果。"他甚至提出了"逻辑是哲学的本质"的著名命题,认为"只要是真正的哲学问题,都可以归结为逻辑问题。这并不是由于任何偶然,而是由于这样的事实:每个哲学问题,当经受必要的分析和澄清时,就可看出,它或者根本不是真正的哲学问题,或者是具有我们所理解的含义的逻辑问题。"卡尔纳普指出:"哲学只是从逻辑的观点讨论科学。哲学是科学的逻辑,即是对科学概念、命题、证明、理论的逻辑分析。"分析哲学应用数理逻辑所取得的具体成果,主要体现在对存在、意义、真理、模态等本体论、认识论和语言哲学的关键性问题和概念的研究上。

在中国哲学中,却缺乏严格的逻辑思维传统。因为中国哲学思维长于神秘的直觉、顿悟、洞见以及笼统的综合和概括,但拙于精细的分析与严密的论证。中国哲学最典型的方法就是反省内求的"悟",这种方法具有下述特点:(1)"悟"的对象是某种宏大的、抽象的、模糊的形而上学本体。例如,在老子那里是"道",在儒家那里是"天命""仁",在佛家那里是"禅""佛"。人生的最高境界就是"悟道""体仁""知天命""参禅""成佛",达到"天人合一"的境界。(2)由于"天地并生,物我齐一",因此"悟"的途径就是反身求诸己:先排除一切感觉经验,闭视、闭听,并进一步排除对自身肌体的感觉,排除自己的思想,"离形去知",使自己在生理和心理上都做到最大的放松、宁静和空虚,由此感受到世界的"本来面目",感受到自我和世界以及这两者之间的同一,心灵"豁然开朗""领悟妙道"。(3) 同样由于"天地并生,物我齐一","悟"的方法就是"能近取譬""举一反三",也就是比喻和类推。(4) "悟"是主体不借助任何中介而对世界的直接体悟,既无必要也不可能凭借语言的中介把悟的过程和结果表达出来,"悟"在本质上是不可言说的。"悟"这一方法的最大缺陷是:十分神秘,难以交流,难以学习,难以评判,从而也难以把对相关问题的研究推向深入,形成有效的知识积累。因此,我认为,熟悉和运用逻辑,特别是现代逻辑,对于中国哲学界来说是一件特别需要的事情。

维特根斯坦认为,哲学问题是语言的误用所导致的结果。上图中的战士正在学习如何发射炮弹,在这里任何的含糊和歧义都是致命的。

逻辑对于分析哲学(或更一般地说,对于哲学)之所以如此重要,就在于其他科学理论都有逻辑之外的判定优劣的标准,如通过对未知现象作出预测,然后用观察和实验手段去检验其真假对错。而哲学理论的唯一判定标准就是逻辑标准,就是看它的论证是否具有较强的逻辑力量,是否对人的心灵或思想有某种震撼和启迪作用。更具体地说,论证在哲学中的特殊重要性表现在:对于论者来说,论证能够使自己的思想走向深入、深刻和全面、正确;对于接受方来说,论证使他能够通过客观地检验论述者的思考过程来判断后者思考的好坏,从而使后者的思想具有可理解性和可批判性,因此,论证不仅仅是组织观点与材料的写作方式问题,而且是把哲学思考引向深刻化、正确化的途径与方法。

哲学对于逻辑的重要性

在其发展过程中,现代逻辑本身也遇到了许多严肃的哲学问题,以致产生了一门以这些问题为研究对象的新学科——逻辑哲学,后者力图揭示隐藏在各种具体逻辑理论背后的基础假定、背景预设或前提条件,并质疑和拷问它们的合理性根据以及做其他选择的可能性。粗略说来,逻辑哲学研究三类问题:(1) 关于逻辑科学整体的哲学分析。例如,究竟什么是逻辑?逻辑的对象是什么?逻辑与非逻辑的划界标准是什么?逻辑本身的显著特征与性质是什么?逻辑与哲学、数学、语言学、心理学、人工智能以及计算机科学的区别和联系何在?如此等等。对于这些问题的研究,还会触及下述问题:自然语言和形式语言的关系,形式化的本质、作用与限度,逻辑的单一性和多样性,推理的本性及其与蕴涵的关系等。(2)从逻辑系统内部提出,但在传统哲学中有深厚背景的问题,其中最典型的是归纳逻辑中的休谟问题,它本质上涉及到人们能不能得到关于这个世界的普遍必然知识的问题,因此它归根结底涉及到人类的认识能力及其限度,世界究竟是否可知这样一些重大的哲学问题。与此类似的还有:逻辑真理问题,这与传统哲学关于分析和综合、必然和偶然、先验和后验的讨论密切相关;逻辑悖论问题,这涉及到思维的本性及矛盾律的作用;模态的形而上学;各种变异逻辑对二值原则和传统真理观的挑战;逻辑中的本体论承诺,等等。(3)对于逻辑和哲学的基本概念的精细分析,这些概念包括:名称和摹状词,语句、命题、陈述、判断,命题形式和命题态度,命题联结词的意义,主词和谓词,量词和本体论承诺,意义、指称、谓述、用法和证实,存在与同一,意义、真理、实在论与反实在论,逻辑、思维与理性,等等。此类分析的目的在于给逻辑研究提供基础框架,或赖以出发的基本假定。

除上面所提到的之外,显然还存在许多其他的逻辑哲学问题。例如,集合论中无穷集合的存在性和超穷方法的合理性,以及著名的连续统假设问题(实数到底有多少,或自然数集的子集有多少)的哲学涵义;递归方法和模型构造法的本质、合理性根据、作用及其限度;非标准模型的存在及其哲学涵义;可计算性的本质和人的思维创造性的关系;递归论和计算机科学中的 $P = ? NP$ 问题等等。

我国著名逻辑学家莫绍揆先生曾指出:"要从哲学上对处理无穷集合的方法,以及对有关无穷集合的结果作出分析与评价,是哲学界的一个紧迫任务,它也将对哲学的进步发展作出巨大贡献,将对哲学界长期争论不决的关于无穷的讨论,提供极有价值的大量参考资料。"关于 P = ? NP 问题,我国已故著名逻辑学家吴允曾先生指出:"这个问题涉及的是机械算法和非机械算法(或者说确定性算法和非确定性算法)的解题能力是否一样强的问题,也就是涉及数学思维机械化能达到多大范围的问题:如果 P = NP 成立,则凡是能够计算时间在多项式有界的条件下凭借非机械算法来解决的大量问题(如可以凭借公理方法加以证明的一类数学命题),都是在同样条件下在机器上可解的。而如果 P ≠ NP 成立,则说明有许多现在人凭借非机械算法,如公理方法,能够解决的大量问题,在机器上将是实际无法解决的。这一问题对于人工智能前景的涵义是明显的。"

3　语言学中的逻辑

逻辑学以思维为对象,它研究思维的形式结构及其规律,特别是推理、论证的形式和规律。语言学以语言为对象,它研究语言的结构、语言的运用、语言的社会功能和历史发展等等。这是两门不同的学科,但由于语言是思维的载体,研究思维要通过语言去研究,这就使得它们两者之间有特别密切的相互关联和相互影响。

在这幅画中,地面和天花板被表现在一个平面内,它们互为镜像。地面的世界中,楼梯上有一个人在和楼上的人对话;天花板的世界中,也在发生着一模一样的事情。

地面的世界和天花板的世界,可以看做是两个可能世界。各个世界中的个体,在其他世界有着对应于它的对象——这被称作是原个体的对应体。"某物可能如此这般"时,就可以据此解释为"在某个可能世界中,某物的对应体如此这般"。但是,如何确定哪个是哪个的对应体呢?也许地面世界中坐在楼梯上的人,在天花板的世界中对应着楼上的人;而也许他在其中根本就没有对应体?

《上与下》,埃舍尔

目前,对自然语言进行逻辑研究具有特殊的重要性,这是因为它得到了来自几个不同领域的推动力。首先是计算机和人工智能的研究。人机对话和通讯、计算机的自然语言理解、知识表示和知识推理等课题,都需要对自然语言进行精细的逻辑分析,并且这种分析不能仅停留在句法层面,而且要深入到语义层面。其次是哲学特别是语言哲学。在20世纪哲学家们对语言表达式的意义问题倾注了异乎寻常的精力,发展了各种各样的意义理论,如观念论、指称论、使用论、言语行为理论、真值条件论等等,以致有人说,关注意义成了20世纪哲学家的职业病。再次是语言学自身发展的需要。经典逻辑只是对命题联结词、个体词、谓词、量词和等词进行了研究,但在自然语言中,除了这些语言成分之外,显然还存在许多其他的语言成分,如各种各样的副词,包括模态词"必然""可能"和"不可能"等,时态词"过去""现在"和"未来"等,道义词"应该""允许""禁止"等,以及各种认知动词,如"思考""希望""相信""判断""猜测""考虑""怀疑",这类词在逻辑和哲学的研究中被叫做"命题态度词"。对这些副词以及命题态度词的逻辑研究可以归类为"广义内涵逻辑"。并且,在研究自然语言的意义问题时,还不能停留在脱离语境的抽象研究上面,而要结合使用语言的特定环境去研究,这导致了所谓的"语用学"。

正如周礼全先生所指出的,"由于自然语言本身的复杂性以及现代数理方法的多样性,自然语言逻辑就出现了从多个不同角度来进行研究的思路:如莱可夫(G. Lakoff)等人从语言学角度探讨自然语言语法结构与逻辑结构之间的对应关系;蒙太格(R. Montague)则从现代逻辑观点出发构建自然语言的语句系统;也有从语言的交际角度结合语法、修辞等特点来研究自然语言中的逻辑问题的思路,等等。"可以这样说,**自然语言逻辑**试图透过自然语言的指谓性和交际性去研究自然语言中的推理,有**语形学**、**语义学**和**语用学**三个不同的研究角度。其中,语形学研究语言表达式之间的结构关系和结构变换;语义学研究语言表达式的意义以及相互之间的意义关系,要涉及到语言表达式和该表达式所表示、所指谓的对象;语用学研究语言表达式的意义在具体语境中的变化,要涉及语言表达式、该表达式所指谓的对象以及该表达式的使用者。不同的研究者会分别选取以语形学、语义学、语用学中某一个为主的研究策略,例如保罗·格赖斯(Paul Grice)的"会话涵义"学说就是语用学研究方面的一个重要成果。

4 计算机、人工智能与逻辑

计算机和数理逻辑都基于同一个思想:思维即计算。这一思想的最早提出者也许是英国哲学家霍布斯(Thomas Hobbes,1588—1679),他认为,推理就是思维的相加减,也就是词义的组合与分解。如前所述,莱布尼茨系统地阐述了这一思想,并且还创制了一台能够进行四则运算的计算机,成为数理逻辑和计算机科学的重要先驱。在20世纪经过数理逻辑学家冯·诺伊曼(John von Neumann,

1903—1957）和图灵（Alan Turing,1912—1954）等人的工作,造出了第一台程序内存的计算机。由于数理逻辑学家哥德尔（Kurt Gödel,1906—1978）等人的工作,至20世纪中后期,计算机科学、逻辑和数学都有了很大发展,此时原则上已经弄清楚:哪些思维过程可以在计算机上实现,哪些不能。换句话说,已经弄清楚下述问题:由计算机可以实现哪些思维过程;如何组织好计算机（自动机逻辑问题）;然后提高计算机的效率（软件问题,计算复杂性问题,计算系统的结构问题等）;等等。这些计算机研究课题中包含大量的数理逻辑问题,或者本身就是数理逻辑问题。

我认为,至少在21世纪早期和中期,计算机科学和人工智能将是逻辑学发展的主要动力源泉,并将由此决定21世纪逻辑学不同于20世纪逻辑学的另一种面貌。由于人工智能要模拟人的智能,它的难点不在于模拟人脑所进行的各种必然性推理（这一点在20世纪基本上已经做到了,如用计算机去进行高难度和高强度的数学证明,"深蓝"计算机通过高速、大量的计算去与世界冠军下棋）,而是模拟最能体现人的智能特征的能动性、创造性思维,这种思维活动中包括学习、抉择、尝试、修正、推理诸因素,例如选择性地搜集相关的经验证据,在不充分信息的基础上作出尝试性的判断或抉择,不断根据环境反馈调整、修正自己的行为……由此达到实践的成功。于是,逻辑学将不得不比较全面地研究人的思维活动,并着重研究人的思维中最能体现其能动性特征的各种不确定性推理,由此发展出的逻辑理论也将具有更强的可应用性。

手机实际上是一台微型计算机,众多的手机组成了一个庞大的网络。我们可以通过追踪手机流动来获得春节期间人口流动的规模、流向等多重信息。上面是百度发布的2014年春节期间某段时间内的手机迁徙图。

实际上,在20世纪中后期,就已经开始了现代逻辑与人工智能(记为AI)之间的相互融合和渗透。例如,哲学逻辑所研究的许多课题在理论计算机和人工智能中具有重要的应用价值。AI从认知心理学、社会科学以及决策科学中获得了许多资源,特别是逻辑学(包括哲学逻辑)在AI中发挥了突出的作用。某些原因促使哲学逻辑家去发展关于非数学推理的理论;基于几乎同样的理由,AI研究者也在进行类似的探索,这两方面的研究正在相互接近、相互借鉴,甚至在逐渐融合在一起。例如,AI 特别关心下述课题:效率和资源有限的推理;感知;做计划和计划再认;关于他人的知识和信念的推理;各认知主体之间相互的知识;自然语言理解;知识表示;常识的精确处理;对不确定性的处理,容错推理;关于时间和因果性的推理;解释或说明;对归纳概括以及概念的学习。21 世纪的逻辑学也应该关注这些问题,并对之进行研究。为了做到这一点,逻辑学家们有必要熟悉 AI 的要求及其相关进展,使其研究成果在 AI 中具有可应用性。

我认为,至少是 21 世纪早期,逻辑学将会重点关注下述几个领域,并且有可能在这些领域出现具有重大意义的成果:(1) 常识推理中的某些弗协调、非单调和容错性因素;(2) 体现人的创造性本质的归纳以及其他不确定性推理;(3) 广义内涵逻辑,指对于各种各样的副词,包括模态词"必然""可能"和"不可能"、时态词"过去""现在"和"未来"、道义词"应该""允许""禁止"等等,以及各种认知动词,如"思考""希望""相信""判断""猜测""考虑""怀疑"的逻辑研究。

结　　语

读者朋友,到此为止,我们的这一次逻辑之旅应该结束了。在这短短的旅程中,我们实际上是沿着两条不同的路线游览的:一条是历史的线索。跨越历史的时空,与历史上伟大的逻辑学家们短暂地会面,约略地知道了他们大致的性格和贡献,也约略知道了逻辑学的来龙去脉和历史发展。对于深入理解一门学科来说,厚重的历史感始终是必要的,并且也是重要的。另一条线索就是逻辑学的体系构架和基本内容。在这条路线上,我作为导游,主观上想尽力做到深入浅出、生动有趣、通俗易懂,引领读者诸君获得对逻辑学的轮廓性了解和总体性把握。此前,在一篇题为《我在故我思——一位思想者的独语》的随笔中,我曾说过以后要写一点能够走入民间、打动人心的作品,例如像冯友兰先生的《中国哲学简史》,陈鼓应先生的《庄子浅说》这样的大家小品。在写作此书时,我主观上是这样去追求的,但效果如何,只好请读者诸君去评论了。

现在,让我来兑现本书开头所许下的诺言,给出引言中那道逻辑选择题的具体解法:

用假设法和归谬法。先假设甲的话为真,则甲戴白帽子,加起来共有四顶白帽子一顶黑帽子,于是乙和丙的话就是假的,于是乙和丙都戴黑帽子,这与甲的话为真的结果(一顶黑帽子)矛盾,因此甲的话不可能为真,必定为假,甲戴黑帽子。再假设乙的话为真,则他自己戴白帽子,共有一顶白帽子四顶黑帽子;这样,由于丙看不见他自己所戴帽子的颜色,当他说"我看见一顶白帽子三顶黑帽子"时,他所说的就是真话,于是他戴白帽子,这样乙和丙都戴白帽子,有两顶白帽子,与乙原来的话矛盾,所以,乙所说的只能是假话,他戴黑帽子。既然已经确定甲、乙都戴黑帽子,则戊所说的"我看见四顶白帽子"就是假话,戊也戴黑帽子。丙说他看见一顶白帽子三顶黑帽子,如果未说话的丁戴白帽子,则他的话为真;若丁戴黑帽子,则他的话为假。现证明丙的话不可能为假,必定为真。假设丙的话为假,则未说话的丁也戴黑帽子,他自己也戴黑帽子,于是五个人都戴黑帽子,这样,乙说看见四顶黑帽子,就说的是真话;但我们已经证明乙的话不可能为真,因此丙的话也不可能为假,于是丙戴白帽子。最后结果是:甲、乙、戊说假话,戴黑帽子;丙说真话,丙和丁戴白帽子,所以,正确的选项是 E。

陈　波
2001 年 8 月 30 日

新 版 后 记

拙著《逻辑学是什么》在出版 13 年之后,北京大学出版社决定修订、改版、重印。这说明拙著还有些价值,受到读者们的欢迎。先前的诚实劳动获得了某种形式的认可,我作为该书作者当然对此感到高兴。

在本次修订时,我主要做了以下工作:第一,改正了第一版中的少许错讹。这里要感谢一些读者,他们在阅读本书之后给我写信或写电子邮件,从爱护的角度出发,帮我指出了其中的某些错讹。这次我根据自己的判断,作出了必要的修改。第二,做了少许内容的添加,有的地方添加了新例证,参考文献中添加了新书目,等等。第三,增加了近 60 幅插图以及相关的解说词,这些插图分为以下类型:一些重要逻辑学家的图像和简要介绍;一些重要中外逻辑著作的书影;一些与书中内容有关的重要历史性事件或人物的画像或照片;选自丹麦艺术家 Peter Callesen 的一些纸雕作品,以及少数几幅现代主义绘画,我自己配上解说词或图片附语;陈星群博士帮助选择了荷兰画家 M. C. Escher 的一些"悖论式"绘画,并撰写了解说词,等等。

我要特别感谢"人文社会科学是什么"丛书的策划编辑杨书澜女士，她以卓越的眼光策划了这套品质不俗的丛书，并获得成功。同时感谢她作为拙著第一版的责任编辑的辛勤付出和高质量的编辑工作。我还要感谢这次修订版编辑闵艳芸女士的高质量的编辑工作，插图方面我是绝对的外行，而她提供了有价值的参考意见。一本正式出版的书，实际上是作者和编辑共同的作品。作品中的任何错讹均由我个人负责，作品中的一切可嘉许之处都含蕴着编辑们的辛勤劳动。再次感谢杨书澜和闵艳芸两位编辑！

陈　波
2015 年 2 月 15 日于京郊博雅西园

阅读书目

雷蒙德·斯穆里安:《这本书叫什么——奇谲的逻辑谜题》,上海译文出版社1987年版。

彭漪涟、余式厚:《趣味逻辑学》,中国青年出版社1981年版。

金岳霖主编:《形式逻辑》,人民出版社1979年版。

吴家国主编:《普通逻辑》,上海人民出版社1993年版。

宋文坚主编:《逻辑学》,人民出版社1998年版。

苏佩斯:《逻辑导论》,中国社会科学出版社1984年版。

莫绍揆:《数理逻辑初步》,上海人民出版社1980年版。

王宪均:《数理逻辑引论》,北京大学出版社1982年版。

宋文淦:《符号逻辑基础》,北京师范大学出版社1993年版。

张家龙:《数理逻辑史》,社科文献出版社1993年版。

周礼全:《模态逻辑引论》,上海人民出版社1986年版。

周北海:《模态逻辑导论》,北京大学出版社1997年版。

王维贤、李先焜、陈宗明:《语言逻辑引论》,湖北教育出版社1989年版。

陈宗明主编:《汉语逻辑概论》,人民出版社1993年版。

邓生庆:《归纳逻辑——从古典向现代类型的演进》,四川大学出版社1991年版。

陈晓平:《归纳逻辑与归纳悖论》,武汉大学出版社1994年版。
陈波:《逻辑学导论》(第三版),中国人民大学出版社2014年版。
陈波:《逻辑学十五讲》,北京大学出版社2008年版。
陈波:《与大师一起思考》,北京大学出版社2012年版。
陈波:《逻辑哲学》,北京大学出版社2005年版。
陈波:《逻辑哲学研究》,中国人民大学出版社2013年版。
陈波:《悖论研究》,北京大学出版社2014年版。
陈波:《思维魔方,让哲学家和数学家纠结的悖论》,北京大学出版社2014年版。
凯伦·法林顿:《宗教的历史》,秦学信、杨春丽译,希望出版社2004年版。
马丁·奥利弗:《哲学的历史》,希望出版社2003年版。
布莱恩·麦基:《哲学的故事》,生活·读书·新知三联书店2002年版。
斯蒂芬·里德:《对逻辑的思考—逻辑哲学导论》,辽宁教育出版社1998年版。
尼尔·布朗、斯图尔特·基利:《走出思维的误区》,中央编译出版社1994年版。
郑文辉:《欧美逻辑学说史》,中山大学出版社1994年版。
杨沛荪主编:《中国逻辑思想史教程》,甘肃人民出版社1988年版。

(以上书目由陈波推荐)

编 辑 说 明

自 2001 年 10 月《经济学是什么》问世起,"人文社会科学是什么"丛书已经陆续出版了 17 种,总印数近百万册,平均单品种印数为五万多册,总印次 167 次,单品种印次约 10 次;丛书中的多种或单种图书获得过"第六届国家图书奖提名奖""首届国家图书馆文津图书奖""首届知识工程推荐书目""首届教育部人文社会科学普及奖""第八届全国青年优秀读物一等奖""2002 年全国优秀畅销书""2004 年全国优秀输出版图书奖"等出版界的各种大小奖项;收到过来自不同领域、不同年龄的读者各种形式的阅读反馈,仅通过邮局寄来的信件就装满了几个档案袋……

如今,距离丛书最早的出版已有十多年,我们的社会环境和阅读氛围发生了很大改变,但来自读者的反馈却让这套书依然在以自己的节奏不断重印。一套出版社精心策划、作者认真撰写但几乎没有刻意做过宣传营销的学术普及读物能有如此成绩,让关心这套书的作者、读者、同行、友人都备受鼓舞,也让我们有更大的信心和动力联合作者对这套书重新修订、编校、包装,以飨广大读者。

此次修订涉及内容的增减、排版和编校的完善、装帧设计的变化,期待更多关切的目光和建设性的意见。

感谢丛书的各位作者,你们不仅为广大读者提供了一次获取新知、开阔视野的机会,而且立足当下的大环境,回望十多年前你们对一次"命题作文"的有力支持,真是令人心生敬意,期待与你们有更多有益的合作!

感谢广大未曾谋面的读者,你们对丛书的阅读和支持是我们不懈努力的动力!

感谢知识,让茫茫人海中的我们相遇相知,相伴到永远!

北京大学出版社

"人文社会科学是什么"丛书书目

哲学是什么	社会学是什么
文学是什么	心理学是什么
历史学是什么	教育学是什么
伦理学是什么	管理学是什么
美学是什么	新闻学是什么
艺术学是什么	传播学是什么
宗教学是什么	法学是什么
逻辑学是什么	民俗学是什么
语言学是什么	考古学是什么
经济学是什么	民族学是什么
政治学是什么	军事学是什么
人类学是什么	图书馆学是什么